渡辺 知晴・齊藤 友紀・大堀 健太郎
共著

はじめに

本書を手にとってくださった皆さんは現在，どのような立場におられるでしょうか．

大手企業のエンジニア，スタートアップのエンジニア，大学の教員（アカデミア）などさまざまな方がいらっしゃると思います．

たとえば，あなたが大手企業のエンジニアであれば，会社での業務を通じて十分に知的財産（以下，「知財」と呼びます）の重要性を理解しているでしょう．もしかしたら，すでにキャリアプランの1つとして知財部や法務部への転身も視野に入れているかもしれません．

一方，あなたが大学の教員やスタートアップのエンジニアであった場合にはどうでしょうか．ほとんどの方が知財という言葉にはほとんど馴染みがないかもしれません．

現在，急激に発展している機械学習をはじめとするAIに関連する技術領域やビジネス領域（以下，まとめて「AI分野」と呼びます）には，大手企業だけでなく，大学発ベンチャーやスタートアップなどの小規模な企業に所属する方々が数多くおられます．このような小規模な組織では，知財や法務の専任の担当者がいないのもめずらしくありません．

また，大学においても，特に2004年の国立大学の法人化以降，収益化の可能性を秘めた知財の重要性は大きく高まっています．大学の教員であっても，知財や法務の知識と無関係に研究に専念することはどんどん難しくなっているといえるでしょう．

本書は，このような状況のもと，これから特にAI分野で活躍される皆さんを対象に，エンジニアや研究者が知っておくべき法律的な考え方や知識を，主に実務的な観点を交えつつ解説し，その一方で，文字ばかりで抽象的な話となることを防ぐため，舞台設定されたキャラクタを利用して，できるかぎり読みやすいように意識して執筆しています．ぜひ，楽しみながら法的なものの見方・考え方を学んでみてください．少しでも法的な考え方を学ぶきっかけになり，その結果として，皆さんが社内外におけるビジネスを加速させることに少しでも寄与できれば幸いです．

　なお，本書では，わかりやすさを優先し，定義や単語などを簡略化した表現を採用している箇所があります．本書を読んで知財や法律に興味をもった方は，より詳細な基本書などを買って勉強してみてください．また違った感触を得られると思います．

　2020年6月

執筆者を代表して　　渡辺　知晴

CONTENTS

第 4 章 専門家とのコラボレーション

第5章 OSSと知的財産権

本書の位置づけと構成

技術バカでは通用しない？

AI※分野では，学習にさまざまな種類の情報を利用します．その中には，著作物に該当する画像や個人情報などが含まれているかもしれません．このような情報をどのように処理するのかの最終的な判断は，もちろん最終的には事業責任者や専門家の判断により決定されます．しかし，何かことが起こればエンジニアが矢面に立たされたり，少なくとも責任の一端をとらされることは避けられないでしょう．

近年では，エンジニアが自ら，社内外の知財や法務の担当者と密にやりとりを行い，知財活動や法務活動に積極的にかかわることが必要不可欠な状況になりつつあります．

なぜ知財や法務の担当者とのやり取りは面倒なのか？

エンジニアが「自然科学」という共通の独自の言語を有したプロフェッショナル集団であるのと同様に，知財や法務も「法律（社会科学）」という独自の言語を有したプロフェッショナル集団です．プロは専門用語や専門的な思考を利用して自分の専門領域を理解していますし，相互に無駄なく効率的にコミュニケーションをとっています．

※ AIとはご存知のとおり，(Artificial Intelligence) の略称です．しかし，この言葉はさまざまな意味合いで利用されることがあります．
たとえば，2018年に経済産業省により公開された「AI・データに関する契約ガイドライン」においては，「あるデータの中から一定の規則を発見し，その規則に基づいて未知のデータに対する推測・予測等を実現する学習手法の一つ」として定義されています．このような厳密な定義は，上述のガイドラインが想定する契約等においては重要です．
しかし本書では，広く簡潔な文章を構成するという目的のため，機械学習に関する学術領域や関連するシステムの総称として利用するとともに，たとえば，いわゆるゲーミングAIやチャットボットなど（機械学習の利用の有無を問わず）の推論・予測を含むソフトウェア，および，それらを含むシステムを幅広く「AI」と総称して定義しています．

そして，これがエンジニアと知財や法務の担当者の間にできる大きな壁となります．それぞれのコミュニティが強固であればあるほど，部外者が近づきづらくなるのは当然です．

したがって，エンジニアと知財や法務の担当者の間において，短時間で効率的なやり取りを行うには，互いの言語（＝専門用語や専門的な思考）を相互に理解しようと可能な限り努力することで，コミュニティの壁を乗り越えて歩み寄ることが最も近道なのです．

本書の登場キャラについて

本書は，このような状況のもと，これから特に AI 分野で活躍される皆さんを対象に，エンジニアや研究者が知っておくべき法律的な考え方や知識を，主に実務的な観点を交えつつ，一から丁寧に解説していきます．

一方で，文字ばかりで抽象的な話だとわかりづらくなりますので，ちょっとだけ舞台設定をしています．本書に登場するイラストのキャラは，愛されキャラの『本条このは』，中途入社２年目の中堅社員の『白桃さゆり』，そして，新卒入社２年目の AI エンジニアの『田野丸 諭』です．彼らは業績の急拡大で関心を集める「株式会社 AI レバレッジ」（社員数 38 名，平均年齢 29 歳）という勢いのある企業の社員という設定です．会社が Q ロボと名づけた AI ロボットアドバイザーの助けも借りて，社内外における法務や知財担当者との連携の形を模索していきます．

本書の全体の構成

本書は以下の５つの章から構成されます．

第１章　AI・データと法的な保護
第２章　契約－当事者のインセンティブのデザイン
第３章　AI・データと特許
第４章　専門家とのコラボレーション
第５章　OSS と知的財産権

〔第１章　AI・データと法的な保護〕

第１章では，特許法と著作権法の考え方を説明していきます．そもそも，なぜ特許権や著作権が認められ，こうした権利にはどのような限界があるのか，などをはじめ，さまざまなポイントについて１つずつ説明していきます．

〔第２章　契約－当事者のインセンティブのデザイン〕

続く第２章では，AI・データにかかわる契約（特に，学習済みモデルの開発を目的とした契約）の考え方を説明していきます．実際の契約におけるポイントについて，なるべく具体的な解説を試みています．

〔第３章　AI・データと特許〕

第３章では，AI 分野の主軸となるソフトウェア関連発明について，具体的な事例を参照しながら詳細に説明します．ソフトウェア関連発明の具体的な事例に触れながらソフトウェアに関連する分野における発明の具体的なイメージをもっていただけるように解説します．

〔第４章　専門家とのコラボレーション〕

ここまでの説明でも述べたとおり，（AI を含む）ソフトウェアの分野では，エンジニア自らが，知財担当者や外部の専門家（弁理士・弁護士）などとコミュニケーションをとらなければならない状況が少なくありません．第４章では，そのような状況を想定し，エンジニアが知財担当者や外部の専門家（弁理士・弁護士）などと仕事をする場合に，特に留意するべきポイントについて解説します．

〔第５章　OSS と知的財産権〕

AI 分野でもおなじみの「Linux」（正確には Linux カーネル）や「TensorFlow」といったソフトウェアは，OSS（オープンソースソフトウェア）です．OSS の使用は年々拡大し，いまや OSS なくして ICT どころか社会そのものが成り立たないほど，さまざまな場面において欠かせないものとなっています．本章では，ソフトウェアライセンスのうちでも，特に OSS に適用されるライセンスであるオープンソースライセンス（OSS ライセンス）について解説していきます．

それでは，さっそく第１章から読み進めてください．

MEMO

第1章 AI・データと法的な保護

エンジニアからすれば，法律は，できるだけ避けて通りたいものかもしれません．しかし，こうした法律などの法的な制度は，さまざまな利害関係者がよって立つ社会共通のインフラなのです．「エンジニアなのだから，自由に開発や研究をさせてもらうことでパフォーマンスをあげられる」というのであれば，まずは開発や研究の「真の」自由を得るために，そうした活動がどのような前提や制約条件の下にあるのかを自ら知っておくことがとても重要です．

本章では，特許法と著作権法の考え方を説明していきます．

SECTION 1.1

特許法の目的

「特許」という言葉はよく聞くけど，実際のイメージが湧かないな～．そもそも日本の特許法とか読んだことないし．

それじゃ話にならないでしょ！
まずは，特許法のポイントを理解してね！！！

「発明」や「特許」という言葉は，おそらく誰でも聞いたことがあるでしょう．これらを規定しているのが，**特許法**という法律です．

特許法は，まず第1条で次のように定めています．

特許法1条 **この法律は，発明の保護及び利用を図ることにより，発明を奨励し，もつて産業の発達に寄与することを目的とする．**

上記の文章から，2つのことを理解できないといけません．すなわち，①特許法とは，発明の保護や利用について定めている法律であること，そして，ここがわかりにくいのですが，②特許法は，発明を促し，（日本という国の）産業の発達につなげることをゴールにしていることです．

実は，発明の保護などはあくまでその手段に過ぎないとされています．

一方，②に書いた特許法のゴールに，違和感を覚えないでしょうか．したがって，この点をもう少し深掘りしたいと思います．特許法68条本文をみてみましょう．

特許法68条本文 **特許権者は，業として特許発明の実施をする権利を専有する．**

いかにも法律らしいいい方ですが，要するに，特許権者は，特許を受けた発明を，**独占的に**生産・使用したり，譲渡したりすることができるようになるということをいっています（関連：特許法2条3項）．

特許を受けた発明について，特許権をもつ人や会社などを，**特許権者**といいます．

特許権者にこのような独占権を与えれば，特許法の目的である「発明を奨励」することにつながるでしょう．しかし，特定の人や会社などに発明の独占を認めてしまうと，ほかの人や会社はその分だけ自由をなくしてしまうことになります．これでは，「産業の発達に寄与」するという特許法のゴールに結びつかない気がします．

ここで，**発明**とは，後で詳しく説明しますが，大ざっぱにいえば（物理的な形をもたない）技術のアイデアです．誰でも簡単に，とはいいませんが，アイデアをコピーするのに大きなコストは必要ありません．アイデアはコピーをしようと思えば，簡単にコピーできてしまいます．

一方，発明者は，発明がきちんと完成するまで，それ相応の時間や金銭などを投資してきた，すなわち，発明のための対価を支払ってきたはずです．ときにはほかのことをすべて犠牲にして，さらに莫大な借金をする必要もあるでしょう．特許というものがない世の中で，それらを取り戻す機会を確保しようと思えば，発明者はアイデアを秘密にしておくしかありません．その機会がなく，ただ貴重な時間と金銭の無駄になるのであれば，技術の研究・開発をしようとする人や会社は，ほとんどいなくなってしまうでしょう．

これでは，有能で活力のある人や会社に支えられることが必要な社会にとって大きな機会損失が生まれてしまいます．つまり，社会全体にとって望ましいのは，新しい技術の研究・開発への投資が活発に行われ，それにより生み出された技術のアイデアが公開されて，その効果が社会に還元されて社会がよりよくなり，その下でさらに新たな研究・開発が行われていくという正のサイクルの循環が実現されることです．

そこで，発明の詳細を公開することと引き換えに，特許を受ける権利をもつ人や会社などに対し，一定の条件を満たした発明を，**一定の期間だけ**独占的に生産・使用することなどを認めて投資を回収する機会を与え，アイデアの公開と研究・開発の両方を促し，ひいては産業を発達させる道をとっているのです．そして，そのためのルールを規定するのが特許法なのです．

SECTION 1.2

発明：特許法が保護する対象

本条さん，ありがとうございます．おかげで，特許法のことがちょっとわかった気がします．

本当にわかったのかな～？にしても，「発明」という言葉はよくわからなくない？必要ないんじゃないの？って思わない？
まとめて特許権でいいんじゃないのって思ったでしょ？

こら，白桃！　からかうんじゃない．特許権と似ているけど少し違うんだよ．

特許権は，その権利をもつ個人や会社などが，特許を受けた発明を独占的に生産・使用したり，譲渡したりすることができる，非常に強い権利です．そして，発明それ自体は，具体的な形をともなわない，抽象的な「技術のアイデア」です．

技術のアイデアといえるものは，その存在がわれわれの意識に上ることはそれほど多くないにせよ，実際には無数に存在します．

したがって，ありとあらゆる新しい技術のアイデアに特許権という強い独占的な権利を認めてしまうと，とったとられたの争いが増えてしまうことは容易に想像ができます．これでは，産業の発達に寄与することをゴールとするはずの特許法が，社会の経済活動を委縮させるという，意図しない結論を招くことになってしまいます．

そのため，特許を受けることができる**発明**は，発明のうちの一定の条件を満たしたもののみとされています．また，先ほど，大ざっぱにいえば，発明とは技術のアイデアだと述べましたが，特許法が発明と認めるものは，技術のアイデアの一部だけです．特許法２条１項をみてみましょう．

特許法２条１項　この法律で「発明」とは，自然法則を利用した技術的思想の創作のうち高度のものをいう．

ここで「技術的思想の創作」とは，要するに，技術のアイデアのことです．そのうち「自然法則を利用」するものであることが求められているので，自然法則そのものや，自然法則に反する技術のアイデアは，発明と認められません．

また，何ら技術的な要素を含まない単なる事業のアイデアは，「自然法則を利用した」とも「技術的思想」ともいえないでしょうから，やはり発明と認められません．ゲームのルールのような人為的な取り決めも同様です．

ところで，発明には，特許法上，「物」の発明，「方法」の発明，「物を生産する方法」の発明という３つのカテゴリーがあり，個々の発明が，このうちどのカテゴリーに入るかによって，特許権者が独占できる中身が異なってきます（特許法２条３項）．ここで詳細に深入りはしませんが，特許法では，「プログラム等」が「物」に含まれることは押さえておいてください（特許法２条３項１号）．

プログラム等の定義は，特許法２条４項にあります．

特許法２条４項 **この法律で「プログラム等」とは，プログラム（電子計算機に対する指令であつて，一の結果を得ることができるように組み合わされたものをいう．以下この項において同じ．）その他電子計算機による処理の用に供する情報であつてプログラムに準ずるものをいう．**

ここで，プログラム「等」とあることからもわかるように，条文上は「プログラムに準ずるもの」（つまり，プログラムそのものでないものも含みます）という幅の広い表現が使われています．これによって，たとえば，コンピュータの処理を規定するデータの論理的構造は，コンピュータに直接指令するものではないためプログラムとは呼べませんが，「プログラム等」に該当する可能性があります．

COLUMN

特許法は，技術のアイデアのうち「高度のもの」のみを発明と認めています。では，そうではない技術のアイデアはどうかというと，実用新案法上の**考案**として保護される場合があります．以下は，実用新案法２条１項の規定です．

実用新案法２条１項 **この法律で「考案」とは，自然法則を利用した技術的思想の創作をいう．**

SECTION 1.3

発明の「新規性」と「進歩性」とは

以上で，基本的なことはわかってもらえたかな？

はい．というか，もう少し具体的なことを教えてください．

はい，はい，私が教えてあげるね♪ 特許権を取得するためには「一定の条件」が必要なのです．具体的に説明するね♪

白桃，頼んだよ！
最も基本的なことは「発明の新規性」と「発明の進歩性」だよ．

① 新規性

特許権は，新たな技術のアイデアを公開することの代償として，それをした個人や会社などに与えられるものです．逆にいえば，特許を受けるためには，特許を受けたい個人や会社などが公開するまで，対象となる発明がまだ公に知られていない必要があります．このことを規定しているのが，特許法 29 条 1 項です．

特許法 29 条 1 項 産業上利用することができる発明をした者は，次に掲げる発明を除き，その発明について特許を受けることができる．

一　特許出願前に日本国内又は外国において公然知られた発明

二　特許出願前に日本国内又は外国において公然実施をされた発明

三　特許出願前に日本国内又は外国において，頒布された刊行物に記載された発明又は電気通信回線を通じて公衆に利用可能となつた発明

この対象になるか（あるいはならないか）を，「新規性がある」（あるいは，ない）と表現します．このように**新規性**は特許の条件の 1 つですが，実は，特許法

の本文を探しても「新規性」という言葉はみつかりません．

ただし，法律の専門家は，特許の「条件」ではなく「要件」という表現を使います．

一般に，ある発明が特許法29条1項1号から3号の**どれにも該当しない**場合に，その発明には「新規性が認められる」といいます．

それでは，特許を受けられない1号から3号にあたる発明とは，具体的にはどういうものを指しているでしょうか．

まず**公然**とは秘密でないことをいうことに注意します．エンジニアにありがちなのが，特許出願（意味は後で説明します）前に，オープンな学会や展示会などの大勢の人が集まる場で発明を発表したり，公開実験を行ったりしてしまう場合です．これをすると1号や2号に該当してしまい，**原則として**特許を受けることができなくなります．

さらに注意が必要なのは3号です．以前は，特許出願の前に，学術論文や研究書などで発表された発明が，3号に該当する典型的なケースでしたが，近ごろのICT業界では，GitHubやarXiv，テックブログなどを通じて情報を広く相互に公開し，自分の行っている研究・開発へのオープンな参加を促すオープンサイエンスへの志向が顕著です．しかしながら，こうして（特許出願の前に）公開された発明は3号（または1号）に該当して，やはり**原則として**特許を受けることができなくなります．

ただし，「原則として」と強調したのは，その例外があるからです．たとえば，難しい技術的な課題があり，それを解決する発明を苦労して完成させたときに，一刻も早く成果を世に知らしめたいという心情が起こることは否定できないでしょう．このとき，たまたま特許法のしくみをよく知らずに業績を公表してしまった発明者に，特許を受けられないというペナルティを与えることは，社会として正しい行いといえるでしょうか．ひいては発明の公開を委縮させてしまう結果につながるのではないでしょうか．

こういう場合に備えて，特許法30条2項という規定があります．

特許法30条2項 **特許を受ける権利を有する者の行為に起因して第29条第1項各号のいずれかに該当するに至つた発明（…中略…）も，その該当するに至つた日から**

1年以内にその者がした特許出願に係る発明についての同項及び同条第2項の規定の適用については，前項と同様とする.

要するに，特許出願の前に発明を公開したような場合であっても，その日から1年以内に特許出願を行えば，「前項（筆者注：特許法30条1項）と同様」，（本当は真実と反するものの）特許法上は新規性が失われなかったものとして扱われるということです．これを，**新規性喪失の例外**といったりします．

ただし，これはいわば例外的な救済措置であるうえに，この規定の適用を受けるには特別な手続きが必要となったり，万一，第三者が先に特許出願をすると以下の特許法39条が定める制度のために特許を受けることができなくなったりする問題があります．

特許法39条1項　**同一の発明について異なつた日に2以上の特許出願があつたときは，最先の特許出願人のみがその発明について特許を受けることができる.**

これを**先願主義**といいます．特許を受けることを望むなら，という条件付きですが，新規性喪失の例外に頼らなければならない事態は，できる限り避けるべきです．

❷ 進歩性

さて，新規性があれば，特許として認めてよいといえるでしょうか．しかし，広く共有されているような知見や経験の本質とは違う部分のマイナーチェンジのようなものにまで，特許権という強い権利を与えることは，特許法が目指す，新しい技術のアイデアが広く実装されていく社会を実現するうえでの障害にはならないでしょうか．

この問題意識を受けて，特許法29条2項は，次のように規定しています．

特許法29条2項　**特許出願前にその発明の属する技術の分野における通常の知識を有する者が前項各号に掲げる発明に基いて容易に発明をすることができたときは，その発明については，同項の規定にかかわらず，特許を受けることができない.**

率直なところ，抽象的でわかりづらいと思いますので，ソフトウェアに関する発明を例にとって解説しましょう．

事例 **ある日，田野丸は別会社が開発したソフトウェアのちょっとしたバグを見つけた．バグは簡単に取り除けるものであったが，気づかないで使用しているとある日，致命的なエラーが起こるものであり，まだ誰も気づいていないと思われるので，特許申請をしたらどうかと考えついた．**

この例の場合，特に秀でた才能や知見がなくても，通常期待されるレベルの知識があるエンジニアなどであれば簡単に思いつくものなので，特許を受けることが「できない」ということになります．

これを，特許を受けるためには，発明に「進歩性が必要」だといいます．ただし，新規性と同様，特許法の本文のどこにも**進歩性**という言葉は使われていません．一般に，ある発明が特許法 29 条 2 項に**該当しない**場合に，その発明には「進歩性が認められる」といいます．

一方，ある発明が公開された後で，「そんなのとっくに知っていた」というのは非常に簡単です．対して，その発明が「容易に発明することができた」かどうかを判定するというのは，実はかなりの困難をともなう知的作業です．というのは，産みの苦しみを味わえるのは，新しい技術のアイデアが生まれる前だけだからです．公正な判断を行うには，現に完成した発明を前にそれが容易だったと考えてしまう，いわゆる後知恵バイアスと戦う必要があるのです．発明の進歩性の有無は，実務ではもっとも激しく議論が交わされる論点の 1 つです．

COLUMN

参考までに，発明の進歩性を判断する際の思考過程を簡単に説明します．

まず，特許出願時までに公に知られていた発明，たとえば論文に記載されていた発明などを特定します．そのうえで，特許出願された発明と公に知られていた発明の間で，差分をとります．

この差分をみて，よく知られた技術のアイデアを用いただけでないことなど，「容易に発明することができた」といえる事情がないかを検討していきます．

SECTION 1.4 特許権の効力とは

「新規性」と「進歩性」．特許を受けるための条件についてはわかりました（何となくだけど……）でも，彼女もそうだけど，いるだけじゃ意味がないじゃないかなって？

わかる，わかる．いってることはわかるよ．つまり，特許権を取得することができたからといって具体的にどうなるのってことでしょう？

特許権を彼女にたとえる人は初めてみたけど，……．次は具体的に特許権の意味，「特許権の効力」について説明しようか．

特許権の効力としてはまず何より，特許権者は，特許を受けた発明を，独占的に生産・使用したり，譲渡したりすることができるようになることです（特許法2条3項）．すでに引用した条文ですが，あらためて特許法68条本文をみてみましょう．

特許法68条本文 特許権者は，業として特許発明の実施をする権利を専有する．

さて，この「業として特許発明の実施をする権利を専有する」，つまり，独占的に発明を生産・使用したり，譲渡したりすることができるとは，具体的にはどのようなことを意味するでしょうか．その1つの答えが，特許法100条1項および2項に規定されています．

特許法100条1項 特許権者（…中略…）は，自己の特許権（…中略…）を侵害する者又は侵害するおそれがある者に対し，その侵害の停止又は予防を請求することができる．

特許法100条2項 特許権者（…中略…）は，前項の規定による請求をするに際し，侵害の行為を組成した物（…中略…）の廃棄，侵害の行為に供した設備の除却その他の侵害の予防に必要な行為を請求することができる．

これによって，特許権者には，「特許権（…中略…）を侵害する」行為，すなわち，特許を受けた発明を，第三者が無断で生産・使用したり，譲渡したりすることを止める権利があるのです．また，現に行われていることを止めるだけでは，いずれまた同じことが繰り返されるおそれがあるため，予防のための措置をとる強力な権利も特許権者には与えられています．

上記は，特許権者に認められている発明の独占状態を回復し，確保するための手段です．一方，**特許権が存続する間に**，ある発明から得られる利益の全体を仮に100とすると，特許権者はそのすべてを独占できるのが本来なはずなのに，もしも第三者がその発明から無断で利益を得れば，特許権者が本来得られたはずの100の利益の一部は少なくとも奪われたことになるでしょう．特許権を侵害する行為を止め，予防するだけでは，第三者に奪われた利益は戻ってきません．

民法709条 故意又は過失によって他人の権利又は法律上保護される利益を侵害した者は，これによって生じた損害を賠償する責任を負う．

このように，特許権者は第三者に奪われた利益を取り戻すことができますが，その根拠となるのは（特許法ではなく）民法709条です．しかし，民法709条によれば，特許権者が利益を回復するには，第三者が少なくとも故意，または過失（≒不注意）で特許権を侵害したことが証明されなくてはなりません．

SECTION 1.5 特許出願とは

うちの会社は有能なエンジニアが多いから，発明とかエンジニアの皆がしている普通のことだからね！
田野丸くんも大変だと思うけど，期待しているよ.

先輩．それはよくわかっています．それでは，実際に特許権を取得したいと思ったら，どのようなことをすればよいのでしょうか.

「特許出願」をする必要があります．複雑なルールがあるんだけど，まずは基本的なルールについてみてみよう.

特許を受けるためには，発明を完成させた後，特許出願というものを行わなければなりません．特許法36条以下でその詳細が規定されています．本書は基礎知識を解説するものなので，深くは立ち入りませんが，同条1項をみてみましょう.

特許法36条1項 特許を受けようとする者は，次に掲げる事項を記載した願書を特許庁長官に提出しなければならない.

一　特許出願人の氏名又は名称及び住所又は居所

二　発明者の氏名及び住所又は居所

この「願書を特許庁長官に提出」することを，**特許出願**といいます.

実際には特許庁の担当窓口を通じて提出することになります[※1]．「特許を受けようとする者」として特許出願を行う個人や会社などは，**特許出願人**と呼ばれます.

※1　https://www.jpo.go.jp/system/process/shutugan/index.html

特許出願は，特許法が求める形式に整えて行う必要があります．受理されると，願書が提出された日が特許出願の日として認定されます（特許法 38 条の 2 第 1 項）．

そして，特許出願の日から 1 年 6 か月を経過すると，特許出願についてのさまざまな情報が（自動的に）公開されます（特許法 64 条 1 項および 2 項）．

さて，特許出願がされると，特許庁の審査官が，発明の新規性や進歩性の有無，その他発明が特許を受けるために満たすべき特許法が定める条件を，特許出願された発明が満たしているかどうかを審査していきます．そして，その審査の中で問題がないと判断された発明のみ，特許を受けることができます．

特許出願を行う際，願書に添付しなければならない書類は，特許法 36 条 2 項に列挙されています．このうち特に重要なものが，「特許請求の範囲」と「明細書」と呼ばれる書類です．

クレームという言葉を耳にしたことがあるかもしれません．これは「特許請求の範囲」と同じ意味でよく使います．

特許法 36 条 2 項 **願書には，明細書，特許請求の範囲，必要な図面及び要約書を添付しなければならない．**

ここで**特許請求の範囲**とは，（特許出願人が）特許を受けようとする発明を特定するために必要な事項を記載したものです．つまり，特許を受けたい技術のアイデアがどのようなものであるかは，特許出願人自身が，しっかり特定しなければならないのです．このときに注意しなければいけないことは，特許権によって保護されるのは，特許出願人が**特許請求の範囲に記載した発明のみ**だということです．記載のない範囲まで保護されることはありません．

すなわち，特許請求の範囲は，特許権で保護される発明のいわば外枠です．しかし，これだけを眺めても，いったいその発明が何の役に立つのかを理解することは実際には困難です．そこを補うのが**明細書**です．これには，特許請求の範囲に記載された発明の内容を理解し，実装するために必要十分な情報を記載することが求められます．特許法 36 条 4 項 1 号に，このことが定められています．

特許法36条4項1号 (…中略…) 発明の属する技術の分野における通常の知識を有する者がその実施をすることができる程度に明確かつ十分に記載したものであること.

社会全体からみれば，特定の個人や会社などに技術のアイデアの独占を認めることは，経済活動の自由を一部制約することを意味します．そのため，それに見合うだけの十分な情報を公開することが，特許出願人には求められるのです．

ところで，発明を特定するのが特許出願人の役割なのであれば，特許請求の範囲（つまり，特許権によって保護される範囲）をできるだけ広くするのが優秀な特許出願人だと思われるかもしれません．実際そのとおりなのですが，これを広げると，公開しなければならない情報が増えます．

また，広くしすぎると，従来の発明と抵触して，そもそも特許を受けられなくなるリスクも増します（新規性や進歩性の議論を思い出してください）．

ここで，誤って侵害してしまった側の立場でみてみましょう．故意であれば弁解の余地はありませんが，何か新しいことを思いついて事業化しようとしたとして，他の誰かの特許権を侵害していないかを調べ尽くすことはまったく簡単ではありません．そもそも，いったい**過失**というのは，どのような状態をいっているのかが気になります．どこまで調べれば，過失とされないのでしょうか．

実は，この問題を解決するための糸口を，特許法103条が用意しています．

特許法103条 他人の特許権 (…中略…) を侵害した者は，その侵害の行為について過失があつたものと推定する.

つまり，他人の特許権を侵害したという結果があれば，少なくともその点に不注意があったと推定されるのです．これが何を意味するかというと，不注意がなかったことを窺わせる特別な事情がない限り，（この規定がなければ本来必要な）不注意があったことの証明が不要になるということです．

特許権を侵害した側の不注意がなかったという主張はなかなか通りません．したがって，エンジニアとしては，大きな開発や研究に一歩踏み出す前にきちんと法務担当や知財担当者と議論することが大切です．

特許権侵害があった場合に，侵害した側に過失（≒不注意）があったことを推定する規定は特許権者にとっては強力な武器です．さらに，特許法はほかにも特許権者にさらに強力な武器を提供しています．その1つが，特許権者が受けた損害（奪われた利益）の額を議論する際に，各種のガイドラインを提供する特許法102条です．一例として，同条2項をみてみましょう．

特許法102条2項 **特許権者（…中略…）が故意又は過失により自己の特許権（…中略…）を侵害した者に対しその侵害により自己が受けた損害の賠償を請求する場合において，その者がその侵害の行為により利益を受けているときは，その利益の額は，特許権者（…中略…）が受けた損害の額と推定する．**

これは要するに，特許を受けた発明を生産・使用したり譲渡したりすることで，第三者がたとえば100の利益を受けていたとすると，それはすべて特許権者の奪われた利益と推定するというもので，第三者の側からすると，かなり厳しい規定です．

ただし，特許権者がこのような手厚い保護を与えられて，特許を受けた発明から得られる利益を独占できるのは，特許権が存続する一定の期間（**保護期間**）だけです．この期間は，特許出願した日から**20年間**（原則）とされています（特許法67条1項）．

この期間を満了すると特許権は消滅し，その後は誰でも自由に（かつて特許権で保護されていた）発明から利益を得ることができるようになります．

優秀な特許出願人は，個別の事情にもとづいて，特許請求の範囲を広げる有利な面と不利な面の両方に，きちんと配慮が行き届いている人だといえます．

SECTION 1.6 試験又は研究の例外について

ふぅ～，新人に教えるというのは手間がかかるよ～．

白桃，おつかれさま．
でも，もしかしたら，白桃も少しは勉強になっているんじゃない？

先輩！……いやいや，少しではなく，むしろ，かなりです．
あのっ本条さん，ちょっと聞きたいんですけど，大学や研究所で行う研究との関係ってどうなってるんですか？
その，企業でも研究なら OK って理解で合ってますか？あらためて確認しておきたいんですが．

さすが，優秀な白桃だね～．重要なポイントの 1 つだね．

特許権という一種の独占権の強さを，これまで何度も強調してきました．しかし，例外のないルールはこの世に存在しません．特許権にも，一部例外的にその効力がおよばない行為などがあります．

そのうち，本書のテーマとも特に関係がありそうなのが，特許法 69 条 1 項に規定されている**試験又は研究の例外**といわれるものです．

特許法 69 条 1 項 特許権の効力は，試験又は研究のためにする特許発明の実施には，及ばない．

特許権者の許諾を得ないで，特許を受けた発明を使用するなどした場合，本来であれば，その行為を止めたり，損害賠償を求めたりする権利が特許権者にあります．ところが，それが「試験又は研究のため」であるときは，たとえ特許権者といえど，止めることも損害賠償を求めることもできないのです．

これはいったいなぜでしょうか．答えを先にいってしまえば，それが特許法の目的に合致するからです．SECTION 1.1（2 ページ）で，アイデアの公開と研究・

開発の両方を促し，ひいては産業を発達させるのが特許法の目的だと説明しました．この目的からすれば，特許が認められた技術だとしても研究して試行錯誤することが許されず，その先 20 年間，関連する新しい発明の創出は事実上行うことが難しくなってしまうことは意図する結果ではありませんので，この規定が設けられたのです．

ただし，「試験又は研究のため」というのは一見わかるようで，意外とよくわからない部分があります．たとえば，営利を目的としていない大学などの研究機関が行う研究活動であれば，すべて「試験又は研究のため」だといえそうな気もしますが，実はそうともいい切れません（企業の寄付にもとづいて研究を行い，試験的に発明を実装した成果を譲渡して，その大学が新たな研究費を調達した場合はどうでしょうか）．

「試験又は研究」には，**試験や研究と名のつくあらゆる活動を無限定に含むものではない**というのが一般的な考え方です．

「産業の発達に貢献する」という特許法のゴールから考えて，（純粋に）技術の進歩を目的とした試験や研究に対してのみ，特許権の効力がおよばない例外を認めていると考えるべきでしょう．企業であろうが非営利の研究機関であろうが，このことは同様です．

SECTION 1.7 特許権は誰のものか

本条先輩，最近，田野丸にもち上げられて，うれしそうですね～．でも，こういう男には気をつけたほうがいいですよ！

その言葉，そっくりお返しします，白桃さん．
さて，今回は，田野丸くんにとっても大事な話をするね．

わかっています(ケンカはやめてください)．職務発明の規定についてですね．

これまでとは少し別の視点から，特許権の意義について考えてみましょう．SECTION 1.1 で説明したとおり，特許権は，特許を受ける権利をもつ人や会社などに，特許権が存続する一定の期間だけ，投資を回収する機会を与えるものです．そこで，特許権には資産としての価値が（大なり小なり）生まれます．

それでは，勤務時間中にある会社員が行った発明に対する特許権は，いったい誰のものでしょうか．

会社に所属する，あるいは会社から業務を受託するエンジニアには，その会社から給与や報酬が通常は支払われています．この給与や報酬には，エンジニアが技術を研究したり開発したりする行為の対価が含まれていることには疑問はないでしょう．

会社は，研究開発を行うための，いわばスポンサーです．

それでは，そうした行為から生まれてくる発明に関する特許権という資産の対価は，そうした給与や報酬に含まれているのでしょうか．

この問いに答えることは，実はそう簡単ではありません．

この問題を考えるヒントが，特許法 35 条 3 項に定められています．

特許法35条3項 従業者等がした職務発明については，契約，勤務規則その他の定めにおいてあらかじめ使用者等に特許を受ける権利を取得させることを定めたときは，その特許を受ける権利は，その発生した時から当該使用者等に帰属する．

この**職務発明**という言葉（その意味は後ほど説明します）は，昔「青色発光ダイオード事件」と呼ばれる有名な訴訟で話題になりました．この規定によると，（業務の委受託の場合はややこしいのでおくとして）エンジニアとその所属先との間に**事前の約束や取り決めがあれば，その特許を受ける権利は所属先のもの**になります．

COLUMN

職務発明が生み出されると，（わずかの間でもエンジニアや研究者のものになることなく）特許を受ける権利が所属先のものになるという扱いが認められるようになったのは，2015年に特許法が改正されてからのことです．

その前後で，発明者の側で何か実感として変わったことはないと思いますが，この点は留意する必要があります．

逆にいうと，特許を受ける権利は発明を行った個人のものになるのが原則ですので，このような約束がなければ，発明の特許を受ける権利は，（所属先ではなく）発明を行ったエンジニアのものになります．実際，職務発明であってもいったんは特許を受ける権利をエンジニアのものにしておくやり方をとる企業や大学などもあります．

ただし，上記の問題はこれで解決ではないのです．つまり，上記では職務発明の特許を受ける権利を，発明が生まれた当初から，たとえば所属先の会社のものにする契約や社内規程があるような場合には，職務発明の特許権が会社の資産になることがはっきりしただけです．

このことは，会社に特許権を承継させる約束がある場合も同様です．

すなわち，業務の対価として支払われる会社からの給与や報酬に，特許権という資産の対価が含まれているかは，また別の問題なのです．このことについて，特許法35条4項は次のように定めています．

特許法35条4項 従業者等は，契約，勤務規則その他の定めにより職務発明について使用者等に特許を受ける権利を取得させ，使用者等に特許権を承継させ（…中略…）たときは，相当の金銭その他の経済上の利益（次項及び第七項において「相当の利益」という.）を受ける権利を有する.

このように，会社は，「職務発明」の特許を受ける権利，ひいては特許権を取得する場合には，その発明を行ったエンジニアに，上記の規定で**相当の利益**といわれているものを付与しなければなりません．この「相当の利益」（の考え方）は事前に定めておくことができますが，その際に考慮すべき点について経済産業大臣が定めたガイドラインが公表されています（特許法35条6項）.

また，「相当の金銭その他の経済上の利益」と規定されていますから，所属している会社や機関によっては，**エンジニアに付与されるものが金銭であるとは限りません．**たとえば，地位の昇進・昇格や，特別な長期休暇の付与，あるいは在外研究の機会を付与するような場合もあるでしょう．ただし，エンジニアに発明のインセンティブを与えるものであることが，ここでは想定されています.

一方，エンジニアとして，心にとめておいてほしいことが1つあります.「職務発明」の特許を受ける権利を会社のものにする約束や取り決めがあった場合，その特許を受ける権利（ひいては特許権）は会社の資産となりますから，発明を生み出したエンジニア自身として発明に特許を受けることに興味や関心がなく，たとえば**1日でも早い公表を望んだとしても，エンジニア自身の一存で自由にできるものではない**ということです.

そこで重要となるのが，そもそも職務発明とは何かという問題です．特許法は，職務発明の特許を受ける権利を，エンジニアが所属する会社のものにする扱いを認める一方で，職務発明「以外」の発明についてはそのような扱いを一切認めていません（特許法35条2項）．この点は，会社の側にとっても強い問題意識があるところです.

職務発明を定義しているのは，特許法35条1項です．ここでは定義の部分のみに注目してください.

特許法35条1項 使用者,法人,国又は地方公共団体（以下「使用者等」という.）は,従業者,法人の役員,国家公務員又は地方公務員（以下「従業者等」という.）がその性質上当該使用者等の業務範囲に属し,かつ,その発明をするに至つた行為がその使用者等における従業者等の現在又は過去の職務に属する発明（以下「職務発明」という.）について特許を受けたとき（…中略…）は,その特許権について通常実施権を有する.

つまり，会社の業務の範囲内で，なおかつ，発明者に与えられた職務に属する発明のみが職務発明と呼ばれるものになります．逆にいうと，明らかに会社の業務の範囲から外れた発明や，発明をしたエンジニアが本来の職務を離れて行った発明は，職務発明にはあたらないことになります．

以上のように，職務発明の制度は，研究開発のスポンサーである会社の利益を一方的に擁護する制度ではありません．会社には，この制度の枠内で職務発明について自ら特許を受け，投資の回収を図ることが認められていますが，一方で，職務発明以外の発明の取り扱いについては広く発明者の裁量に委ねられているのです．

このようにして，特許法は，発明者の自由と，研究開発のスポンサーである会社の利益とのバランスをとって，持続的な研究開発を促しているのです．

SECTION 1.8 オープンサイエンスと特許権について

職務発明については，難しいけど，おかげでなんとなくわかりました.
でも，ちょっと前まで大学にいた立場で考えると，特許権って結局意味があるのかなって，思ってしまいます.
公開すれば，人のアイデアを適当に真似する悪い人を助長することにもなるだろうし，単にまじめに研究している人の研究が余計なジャマができて滞ってしまうだけのようにも思えるけどな，…….

わかったようなことを抜かすわね！

あ〜，先輩，そんなに熱くならないで.
実際, 非常に難しい問題なんですから. 明確な結論があるわけではないけど, いくつかの考え方を教えてあげるね♪

ここまで，発明という，技術のアイデアの独占を肯定的にとらえる立場を前提として，特許法の考え方を説明してきました.

しかし，技術のアイデアを特定の個人や会社などに独占させるということは，どうしても技術の発展を（少なくとも短期的には）遅らせる面があります．そのため,技術の発展を大なり小なり阻害する発明の独占は認められるべきではなく，むしろ発明のオープンな利用環境を整えて技術の発展を加速させるべきではないか，という立場もありえます.

事実，情報のデジタル化が進み，また，研究や開発の成果を共有する基盤が整備されるにつれて，これまで以上にオープンで，多様な研究開発の取り組みが進められるようになってきています．たとえば，インターネットの普及により，国内外の技術者，研究者を問わず共同研究を進めることが容易になりました．さらに組織や学問の枠を越えて，共通の研究課題にアプローチする機会も増えてきています.

このように「研究開発はよりオープンであるべき」という**オープンサイエンス**の理念が育ち，実際にその理念にもとづく取り組みが増える中，成果を独占することへの違和感が生まれてくることはよく理解できます．

ただ，研究開発への投資を回収する機会がなければ，持続的に研究開発に投資するインセンティブが失われてしまうことも確かです．
この問題は必ず解決されなければなりません．

特許権とオープンサイエンスとの関係を，もう少し考えてみましょう．

特許権という制度と，オープンサイエンスという考え方は，その基礎にある思想や理念に衝突する部分こそあれ，実は，実践上は何ら問題なく両立させることが可能です．というのは，発明について特許を受けた後，特許権者には特許権を**行使しないことを選択する自由**があるからです．

確かに特許権者には，特許権を侵害する行為を差し止めたり，損害から回復したりするという，他人の行為を制限する強い権利があります．しかし，権利があるといっても，特許権者が，そういった行為を発見し，それが特許権を侵害するものであることを証明し，さらに行為を差し止め，損害から回復することを自ら望まない限り，他人の行為は制限されません．いいかえれば，特許権者には，**あえて特許権を行使しない自由がある**のです．そして実際，そのようなケースは現実には多々あります．

しかし，発明に特許を受けるためには，決して少なくはない手間と費用がかかります．そのような手間と費用をかけて取得した特許権を，あえて行使しないといったことがどうして起こりうるのか，さらには特許権を行使する意図がないのであれば，特許を受けるための努力が無駄なのではないか，そもそも特許出願をしなければよいのではないか，などと疑問に思われるかもしれません．しかし，話はそう単純ではありません．どういうことか，解説します．

特許を受けるに相応しいアイデアをもつ個人や会社などには，特許出願など行わずに発明を秘密にしておく「オプション」もあります．特許出願を行う際には，運に恵まれたり，苦労を乗り越えたりして，ようやくものにした発明の詳細な内容を一般に公開しなければなりません．他人にわざわざ発明を明かさなくても，自ら確実に隠しておくことができさえすれば，そして，他の誰かが思いつかないような発明であれば，特許を受ける理由は乏しいかもしれません．

ここでエンジニアの皆さんがとても気を付けないといけないことは，どの発明者にも，自分が生んだ技術のアイデアを，他の誰かが真似したり，思いついたりする可能性を（過度に）低く見積もる傾向があるように思われることです．「真似できるものなら真似してみろ」「こんなすばらしいアイデアを，自分のほかに思いつくはずがない」と考えて，秘密にしておくことにした結果，ほかの誰かが先に特許出願して特許権を取得してしまい（特許法の「先願主義」を思い出してください），先に発明をしたはずが，かえって特許権を侵害したことの責任を問われる事態に巻き込まれることだってありえます．

このように，特許出願をせずに発明を秘密にしておくオプションを選んだ場合の（事業者にとっての）課題は，ほかの誰かが特許権を取得したときの守りの弱さにあります．

ただし，救済措置として，特許法79条に**先使用による通常実施権**というものが定められています．

特許法79条 **特許出願に係る発明の内容を知らないで自らその発明をし（…中略…），特許出願の際現に日本国内においてその発明の実施である事業をしている者（…中略…）は，その実施（…中略…）をしている発明及び事業の目的の範囲内において，その特許出願に係る特許権について通常実施権を有する．**

この条文の意味するところは，「ある発明が第三者から特許出願された時点で，その発明をすでに自分は完成させていて，実際に事業に利用していたことを証明することができれば，特許権者となった第三者から特許権侵害の責任を問われない」くらいで理解しておいてください．とはいえ,先に発見したにもかかわらず,その栄誉を受けるどころか，この規定１本で身を守らなければならない事態があらかじめ予想されるなら，特許出願をしておいたほうが合理的ではないでしょうか．

もっとも，特許出願を行わない場合のもう１つのオプションとして，発明を誰よりも先に公開してしまうという方法があります．発明が特許を受けるためには新規性が必要だということはすでに説明しましたが，意図的に発明の新規性を失わせることで，後から発明を完成させたフォロワーが特許権を有効に取得できなくしてしまうのです．

これは,特許争いに巻き込まれないためのスマートな方法のようにみえますが,取得できる（かもしれない）特許権を放棄するようなものですから，簡単に選択してよいオプションではありません．ただし，法律の専門家のアドバイスを参考にしたうえで，特許を受けた発明の代替技術が容易に見つかる場合であったり，発明の内容や性質上，特許権を侵害する行為を発見することが難しく，特許権を行使することができる場面がきわめて制限される場合であったりする一方で，発明を隠しておく意義が乏しい場合や，逆に，論文や学会発表などで発明を 1 日も早く公開することの意義が大きい技術分野である場合に，このオプションを選択することはあります．

このように，発明を完成させたときに，たとえオープンサイエンスの理念を支持していたとしても，特許出願をしないことが正解というわけではないのです．

また，一般に，特許出願を行う／行わないという 2 つのオプションの間にもバリエーションがあり，それぞれに固有の「機微」があります．特に，特許出願を行わない場合にはいっそうの熟慮が必要です．意思決定をする前に，専門家の意見を求めることが望ましいように思います．

SECTION 1.9

著作権法とは

白桃さん！

なによっ……，突然.

あっ，いえ，よく聞く著作権って特許法と関係あるんですか？
特許権よりむしろ身近な気がするんですが…….

あ～．著作権は著作権法という，別の法律で規定されているのよ．
関係あるかって聞かれると，なんていえばいいか考えちゃうけど．

それじゃあ，特許法との違いを意識しながら，著作権法について，詳細に
説明してあげましょう．

❶ 著作権法の目的は？

著作権という言葉は，「発明」や「特許（権）」と同様に，おそらく聞き慣れた言葉ではあるでしょう．

それでは，著作権とはどのような権利で，著作権が認められると何かできるのかというと，よくわからない，というのが実際ではないでしょうか．これらは，著作権法という法律に規定されています．まずは，第1条をみてみましょう．

著作権法１条　**この法律は，著作物並びに実演，レコード，放送及び有線放送に関し著作者の権利及びこれに隣接する権利を定め，これらの文化的所産の公正な利用に留意しつつ，著作者等の権利の保護を図り，もつて文化の発展に寄与することを目的とする．**

法律の原文はわかりづらいですが，要するに，著作権法は，著作物などについて，著作者の権利やそれに隣接する権利を定めて，著作者などの権利の保護を図っている一方で，著作物などの公正な利用にも留意していて，そうしたことを通じて文化の発展に寄与することを目的としているということが定められています．

これでも，まだイメージがつかみにくいと思います．

たとえば，あなたが全身全霊を傾けて，工夫を凝らして創作した楽曲を，地域の文化イベントで披露したところ，聴衆から大変な高評価を得たとしましょう．「大手の音楽会社に撮影した動画を送ったほういい」といってくれる友達もいたとします．自分でもだんだんその気になってきた矢先，ある日，まったく知らないミュージシャンが何の断りもなくその曲を商品化して，しかもヒットしてしまったとしたら，あなたはなんて不公平なんだと思うはずです．世の中にあるものは何でも，誰でも自由にコピーしてよい，となると，このような事態が頻発することになります．

それでは，いくら優れた創作を行っても正当な評価を受けられず，生活の支えにもならず，結果，よりよい創作を行う意義，機会やインセンティブがなくなり，新しい著作物が生まれにくくなってしまうでしょう．つまり，新たな創作（ひいては文化の発展）を促すためには，著作者の権利を守る必要があるのです．

他方で，表現を創作する行為の中には，「オリジナルの表現を用いた創作」というものもあります．ゴッホが，日本の浮世絵から，新たな作品のインスピレーションを得たという話は有名ですが，そもそも情報があふれている現代において，先人の作品を多かれ少なかれ参考にしないで優れた作品を創り出すことは難しいでしょう．

また，作品というものは，多くの人の批評とともに社会に広まり，評価されていくものです．表現の引用すらもまったく許さないとなれば，批評すらできなくなります．

このように，ある表現を創作した者に必要以上に強すぎる権利を与えてしまうと，結果的として新たな文化を育む自由な表現に大きな制約が働いてしまう面もあるわけです．

こうした背反する立場の間で，あるべきバランスをとることが，文化の発展への寄与をゴールとする著作権法に求められているのです．著作権法１条は，これを表しています．

❷ 著作権と所有権の違いは？

ここに，「生活費がなかったので，力作の絵を安い値段で売ってしまった」という貧しい有能な若い画家がいるとします．はたして彼は，著作権を手放してしまったのでしょうか．

実際，しばしば投げかけられる疑問に，「著作権と所有権の違いがよくわからない」というものがあります．著作権法が保護する著作物とは何か，という重要なポイントと関係するところですので，まずはこの疑問に答えてしまいましょう．

所有権について定めているのは，民法206条という規定です．

民法206条　**所有者は，法令の制限内において，自由にその所有物の使用，収益及び処分をする権利を有する．**

これによると，所有「物」を（法令によって制限された範囲内で）自由に使用し，収益し，処分する権利を所有権というわけです．さらに，われわれが日常的に用いる**物**という言葉の定義についても，民法85条に規定があります．

民法85条　**この法律において「物」とは，有体物をいう．**

要するに，所有権は，ある者が，所有する有体物，つまり物理的な形を備えている物を使用し，収益し，処分する権利をいうことになります．

絵画を例にとると，その所有者は，キャンバスに描かれた１枚の絵画を，自由に鑑賞したり，誰かに譲渡したりすることができます．

これができるのは，絵画の所有者であって，著作権をもつ者ではありません．

それでは，著作権法によって保護される**著作物**とは何かというと，その答えは著作権法２条１項１号に規定されています．

著作権法２条１項 **この法律において，次の各号に掲げる用語の意義は，当該各号に定めるところによる．**

一　著作物　思想又は感情を創作的に表現したものであつて，文芸，学術，美術又は音楽の範囲に属するものをいう．

ここでは，著作権は「表現」を保護するというところに注目してください．**表現**とは，創作者が心に思ったり（思想），感じたりしたこと（感情）を，言語や色・音などの形によって表したものですが，物理的な形を備えた物そのものとは区別されます．

絵画の例でいうと，１枚の絵画という物そのものが「表現」なのではなく，キャンバス上に線や色で描かれた（抽象的な）「表現」が，著作権によって保護されうる著作物です．

これがどういうことを意味するかというと，１枚の絵画の**所有権をもつ者であっても，その著作権（ここでは複製権）をもたない限り**は，絵画のレプリカ（キャンバスに描かれた表現のコピー）を自由に生産することはできない，ということです．

SECTION

1.10 表現：著作権法が保護する対象

うーん，わかったような，わからなかったような．

わかりづらくて悪かったな！

いやっ，先輩のせいじゃなくて……，結局，著作権法で守られるものって何なのでしょうか？！ そこがよくわからないんだよな～

素直でよろしい．それでは，著作権法上の「著作物」について，私がもう少し詳しく解説しましょう．

① 著作権法と特許法の違いは？

「著作権法が保護の対象とする著作物とは何か」，というポイントについて，著作権法と特許法の違いを意識しながら，もう少し踏み込んでみていきましょう．

著作権法2条1項 この法律において，次の各号に掲げる用語の意義は，当該各号に定めるところによる．

一　著作物　思想又は感情を創作的に表現したものであつて，文芸，学術，美術又は音楽の範囲に属するものをいう．

しつこいようですが，ある対象が著作権法によって保護されるには，それが「表現」であることが必要です．別のいい方をすると，著作権法は，あくまで具体的な表現を保護の対象とするものですから，逆に，表現にまでいたらないアイデア（法文の表現では「思想又は感情」）は著作権法では保護しないということを意味します．

たとえば，先ほどの例の画家が，いままでにないユニークな画法を駆使して絵を描いたとしましょう．残念ながら，著作権ではその着想までは保護されません．

この考え方は，**アイデアと表現の二分論**と呼ばれています．SECTION 1.1（2ページ）で，特許法は，発明という技術のアイデアを保護の対象とするものだと説明しました．アイデアと表現の二分論は，特許権や著作権などの知的財産権を保護する法律の，いわば守備範囲を決めるものとして機能しており，著作権の果たす役割を考えるうえでもとても重要なものです．

後ほど詳しく説明しますが，厳格な手続きを経てはじめて認められる特許権とは異なり，著作権は，認められるのに何らの手続きも必要としません．

一方，「アイデアが保護される」ということは，いいかえれば，「創作者以外の第三者がそのアイデアを利用することに制約がおよぶ」ことを意味します．

つまり，簡単に認められる著作権に，表現の背後にあるアイデアまで保護する役割をもたせてしまうことは，その創作者に強すぎる保護を与えてしまうものと考えられるのです．

❷ プログラムと著作権の関係は？

さて，しばしばエンジニアの間で混乱を招きがちな疑問に，「著作権法上，プログラムはどのように扱われるか」というものがあります．著作権法上の著作物の例は著作権法10条1項に明記されています．

著作権法10条1項　**この法律にいう著作物を例示すると，おおむね次のとおりである．**

（…中略…）

九　プログラムの著作物

このように，**プログラム**は，著作権法上の著作物としてきちんと明記されていて，著作権によって保護される可能性があります．

誤解を避けるために補足すると，あらゆるプログラムが常に著作物として保護されるわけではありません．このことは次のSECTIONで説明します．

一方，著作権法10条3項には，プログラム（の著作物）に対する著作権法による保護が明らかにおよばない範囲について，次のような規定があります．

著作権法10条3項 第一項第九号に掲げる著作物（筆者注：プログラムの著作物）に対するこの法律による保護は，その著作物を作成するために用いるプログラム言語，規約及び解法に及ばない．この場合において，これらの用語の意義は，次の各号に定めるところによる．

（…中略…）

三　解法　プログラムにおける電子計算機に対する指令の組合せの方法をいう．

そして，いわゆる**アルゴリズム**は，一般に上記の著作権法10条3項3号が定める「解法」にあたると解釈されています．このため，あるプログラムが著作権法で保護される場合であっても，**そのプログラムを作成する際に利用したアルゴリズムまでは保護されていません**．

なぜなら，（重要なポイントなので何度も繰り返しますが）著作権法によって保護されるのはあくまで表現であって，この場合でいうと，文字列で記述されたプログラム，つまりはソースコード（として表現されたもの）なのです．仮に，そのソースコードを読んで，そこで採用されたアルゴリズムに着想を得て，同じ課題を解くためのプログラムを創作したとしても，**同じアルゴリズムを採用したことだけをもって，参照したソースコードの著作権者の権利を侵害したことにはならない**のです．

❸「思想又は感情」以外を表現するものの扱いは？

また，著作権法上，**著作物**と認められるのは「思想又は感情を （…中略…）表現したもの」です．これをいいかえると，思想または感情以外のもの，つまり客観的な事実を表現したものは著作物として認められず，著作権法によって保護されないということです．なぜなら，客観的な事実を表現したもの，たとえば，科学的な発見を普遍性のある表現で記述したようなもの（数式等）の援用まで阻害してしまうと，言論や学問の自由が大きく損なわれてしまうことになりかねないためです．

ただし，ある表現が，（統計データや実験データのような）客観的な事実を素材とするものであっても，全体として，著作者の思想または感情を表現したものと認められることはあります．その1つの例が，以下で規定される**データベース**

の著作物といわれるものです．

著作権法 12 条の 2 データベースでその情報の選択又は体系的な構成によつて創作性を有するものは，著作物として保護する．

また，著作権法２条１項は，**データベース**を次のように定義しています．

著作権法２条１項 この法律において，次の各号に掲げる用語の意義は，当該各号に定めるところによる．

(…中略…)

十の三　データベース　論文，数値，図形その他の情報の集合物であつて，それらの情報を電子計算機を用いて検索することができるように体系的に構成したものをいう．

このように，著作権法は，客観的な情報（データ）の集合体であるデータベースであっても，情報の選択や体系の構成に表れる創作者の個性に着目して，著作権法上の著作物として扱う可能性を認めています．

したがって，たとえば機械学習の手法を用いる際に必要とされる**データセット**は，データの取捨選択や，一定の構造が与えられている場合に限ってではありますが，著作権法によって保護される可能性があります．

SECTION 1.11 表現の「創作性」とは

なるほど，創作か．でも俺みたいなクオンツにとって，ただ単に「創作」といわれても，基準はこの上なくあいまいだよね．

クオンツ，要するに数理分析の専門家ってことね．うんうん．確かに難しいポイントだけれど，いくつか重要なポイントがあるので，少しそれをみていこうか．

❶ 創作性が認められる表現とそうでない表現の違いは？

著作権法は，思想または感情を単に表現したものではなく，「創作的に表現したもの」のみを著作物として保護しています．したがって,創作性のない表現は，著作権法では保護されないのです．

ただ,「創作的に表現したもの」とはどういうものなのか，という問いに端的に答えることは実は難しいものがあります．たとえば，著名なアーティストが創作し，高度に美的な，かつ，世界に１つしかない表現に創作性が認められることは疑いの余地がありませんが，そのようなものしか著作物として扱えないとすると，プログラムやデータベースを著作権法で保護することは難しくなります．

実際の著作権法の解釈として，**ある表現に創作性が認められるためには,「高度な創意工夫」が窺われる必要はなく，その「表現を創作した者の個性」が何らかの形で表れていればよい**と考えられています．いいかえれば，表現を創作した者の個性を見出すことが難しい場合（たとえば，表現がありふれたものである場合や，ある着想にもとづいて表現を行うと誰が行っても同じような表現になる場合など）に，創作性が認められないとして著作権法上の保護が否定されることになります．

ただし，１つだけ補足しておくと，創作性は「表現したもの」に求められますので，表現のもととなるアイデアや，表現を得るための手法がどれだけ新しく，独創的なものであっても，そこから**生まれた表現に創作性が認められなければ，その表現は著作権法によって保護されません．**このことから，たとえば，新しい情報技術を用いた映像表現などの法的な保護を考えるときには，何らかの工夫が求められることになるでしょう．

ところで，先ほどデータベースの著作物について触れましたが，あえて言及しなかった「データベースと創作性の関係」をみてみましょう．

著作権法 12 条の 2 **データベースでその情報の選択又は体系的な構成によつて創作性を有するものは，著作物として保護する．**

このように，データベースを構成する情報（データ）の取捨選択や，データベースを体系的に構造化するところに創作性が認められてはじめて，データベースは著作物として認められ，著作権法によって保護されることになります．

COLUMN

もっとも，規定の内容は以上のとおりであるものの，データが取捨選択されていたり，構造化されたりしているデータベースと，そうでないデータベースとで，法的な保護のあり方に差を設け，さらにその差を設ける理由として，「創作性」という概念をもち出すことには，（少なくとも私には）どうもしっくりこない感じがしています．

❷ 高尚な表現とそうでない表現の違いは？

この節の最後に，著作権法 2 条 1 項 1 号の解釈について，述べておきたいと思います．著作権法 2 条 1 項 1 号には，ある表現が著作物として認められるためには，「表現したもの」が「文芸，学術，美術又は音楽の範囲に属するもの」である必要があるという規定があります．この字面だけを読むと，著作権法のいう著作物とは，何か高尚な表現であるかのような印象を受けます．

しかし，この「文芸，学術，美術又は音楽の範囲に属する」とは，表現が何らかの知的活動の表れであることを求めるものと一般に考えられています．結局，著作権法の別のところにある「思想又は感情を創作的に表現したもの」という部分に込められた内容と大きな違いはないので，この部分だけがクローズアップされて著作権で保護されるものにあたらないとされることはないでしょう．

SECTION 1.12

2つの「著作権」

先輩，私からも1つよろしいでしょうか.

おっ，白桃！どうしたつつましやかに…….少し気味が悪いぞ！

何でですか！
えっと，よく海外のジャーナルとかで，投稿した論文の著作権は「譲渡」されたものとなる，とかの規定が設けられていたりしますよね.
でも，仮に譲渡したとしても，著作者にはある程度の「権利」が残るというようなことを聞いたことがあるんですけど，これって正しいですか？

そのとおり．多分，著作者人格権のことをいっていると思うので，念のため，詳しく説明するよ.

❶「著作権」には2つの権利の束がある

ここまで，まずは理解の混乱が生じることを避けるため，あえて「著作権」という言葉の使用をなるべく避けてきました．というのも実は，著作権法で定められた**著作権**は，まったく異なる観点から認められる，大きく分けて2つの権利の束によって構成されているからです．この2つの権利の束は，一般に，1つは著作財産権と，もうひとつは著作者人格権と呼ばれます.

このうち**著作財産権**（と呼ばれる権利の束）は，著作物である表現には**財産的な価値がある**ことに着目して，その価値を保護することを目的として認められるものです.

他方，**著作者人格権**は，著作物である表現が，**それを創作した者の個性，ひいては人格に由来するものである**ことから，表現と人格との結びつきが強い面を保護するものです.

著作権法17条1項 著作者は，次条第一項，第十九条第一項及び第二十条第一項に規定する権利（以下「著作者人格権」という.）並びに第二十一条から第二十八条までに規定する権利（以下「著作権」という.）を享有する.

ところで，上記の著作権法17条1項は，著作財産権という用語のかわりに「著作権」という言葉を使っています．これがややこしく，誤解の種になりますので，「第二十一条から第二十八条までに規定する権利」をここでは**著作財産権**と呼び，著作財産権と著作者人格権をあわせたものを**著作権**と呼ぶことにしましょう.

❷ 著作財産権とは？

先ほど，著作財産権とは，著作物の財産的な価値を保護するために認められる権利だと説明しました．したがって，著作権法21条から28条までじっくり目を通すとよくわかるのですが，著作権法は，どんな行為があれば著作物の財産的な価値が損なわれるかという観点にもとづいて，そのような行為を禁止するための権利の束を認めています.

これを構成する個々の権利を**支分権**といったりします

しかし，ひととおり理解することを目指す立場からすると，著作財産権という権利の束を構成する1つひとつの権利を眺めていくのは冗長ですので，ここでは，ソフトウェアエンジニアの世界に関係の深いものだけをみていくことにしましょう.

まず，著作財産権の中心的な権利といって差し支えないのが，著作権法21条が規定する**複製権**と呼ばれる権利です.

著作権法21条 著作者は，その著作物を複製する権利を専有する.

この著作権法2条1項15号は，著作権法上の**複製**を，「印刷，写真，複写，録音，録画その他の方法により有形的に再製すること」とやや難しい表現で定義していますが，ソフトウェアとの関係では，要はデータのコピーをイメージしてください．たとえば，**権利者の許諾を得ずにプログラムの著作物をコピーすると，複製権を侵害したことになります**.

ただそうすると，たとえば，マネージャーからある製品に対する専門家の中での評価を分析するように頼まれたとします．これに機械学習の手法を用いるとしましょう．あなたは，自社で保有するソフトウェアを使って機械学習を具体的に行うのに必要な学習用データセットを作成する際に，雑誌や TV，SNS などから第三者の著作物を含むデータを取り込む必要があります．そうしなければ，分析できません．このときの取り扱いははたしてどうなるのでしょう．

ほかにも，情報通信の処理を高速化するためにキャッシュを作成するなど，便宜上，一時的に第三者の著作物を含むデータをコピーすることはよくあります．これらの際に，あなたは複製権を侵害したことにならないでしょうか．

実は，著作権法は，このような懸念に対して何も手を打っていないわけではなく，一定の処置がすでにとられています．SECTION 1.9 の 26 ページで，著作権は，著作物などの公正な利用にも留意している，と説明しましたが，こうした処置はその一環です．これらは「著作権の制限」と呼ばれていますが，このことはまた後ほど詳しく説明します．

ところで，オリジナルの表現に修正や増減，変更などを加えれば，もはやオリジナルのコピー（複製）とはいえないから問題ないと考える人がいます．このとき，確かに，権利者の許諾なくそのような行為を行っても，複製権を侵害することにはなりません．一方，オリジナルと似た表現が次々と生まれてくれば，本来の表現の財産的な価値が損なわれてしまうことは明らかでしょう．著作権法 27 条は，そのような結果を避けるため，**翻案権**と呼ばれる権利を規定しています．つまり，オリジナルの表現に修正や増減，変更などを加えれば，複製権は侵害しないが，翻案権に抵触する可能性があるのです．

著作権法 27 条 **著作者は，その著作物を翻訳し，編曲し，若しくは変形し，又は脚色し，映画化し，その他翻案する権利を専有する．**

翻案とは聞き慣れない言葉でしょうが，要するに，大すじはオリジナルの表現に沿いつつも，細かな点をつくり変えて，新しい表現（二次的著作物）を創作することをいいます．

オリジナルの表現を参考に（権利者の許諾なく）創作された新しい表現があり，2 つの表現の本質的な特徴が確かに同じで，新しい表現に接すると，むしろオリジナルの本質的な特徴が感じられるときには，オリジナルの表現の翻案権が侵害されたことになります．

COLUMN

そうはいっても，オリジナルの表現をどれだけ改変すれば翻案権を侵害したことにならず，どこまでの改変であれば翻案権を侵害したことになるのかは，率直にいって，どこまでいってもケースバイケースの判断が求められることには注意が必要でしょう．

あと１つ，**公衆送信権**と呼ばれる権利について，少しだけ触れておきましょう．この権利は，著作権法23条１項に規定されています．

著作権法23条１項 **著作者は，その著作物について，公衆送信（自動公衆送信の場合にあつては，送信可能化を含む．）を行う権利を専有する．**

著作権法２条１項７号の２によれば，**公衆送信**とは「公衆によつて直接受信されることを目的として無線通信又は有線電気通信の送信 （…中略…） を行うこと」と定義されています．

なんだかわかるような，わからないような定義ですが，具体的にいえば，著作物であるソースコードを，権利者の許諾を得ないでGitHubのようなソフトウェア開発プラットフォーム上にアップロードして公開すると，公衆送信権を侵害することになります．この結論自体にあまり違和感はないと思います．

ただし，後述の職務著作」といわれる制度と一緒に理解する必要があることによく注意してください．

❸ 著作者人格権とは？

著作者人格権は，著作物である表現と，それを創作した者の人格との結びつきが強い面を保護するものだとすでに説明しました．

つまり，著作者人格権は，著作者の人格に由来する利益を保護する権利ですので，著作者以外にはその保護がおよびません．よく「あの論文の著作権はジャーナルに譲渡してしまったはずだから，……」といった会話を耳にしますが，それは**著作財産権**のことです．仮に著作財産権を譲渡するのが論文投稿の条件であることがジャーナルの規定に明記されていたとしても，**著作者人格権は譲渡されていません．著作者人格権は第三者に処分することができない，著作者のみに帰属する権利**なのです．

この著作者人格権は，具体的には「公表権」「氏名表示権」，そして「同一性保持権」と呼ばれる3つの権利から構成されています．ほとんど読んで字のごとくではありますが，1つずつ簡単にみていきましょう．

まずは**公表権**は以下の著作権法18条1項に規定されています．

著作権法18条1項 **著作者は，その著作物でまだ公表されていないもの（その同意を得ないで公表された著作物を含む．（…中略…）を公衆に提供し，又は提示する権利を有する．当該著作物を原著作物とする二次的著作物についても，同様とする．**

たとえば，筆者がいま執筆している本書には，筆者の個性が大なり小なり表れています．本書を公表すればその筆者の個性が試されるわけで，公表をするかしないかの選択には一種の決心がともないます．このような，公表されていない著作物を，公表するかどうかの選択をする権利者に，その自由を保護しているのが，この公表権です．

また，著作権法19条1項では，**氏名表示権**と呼ばれる著作者人格権を規定しています．

著作権法19条1項 **著作者は，その著作物の原作品に，又はその著作物の公衆への提供若しくは提示に際し，その実名若しくは変名を著作者名として表示し，又は著作者名を表示しないこととする権利を有する．その著作物を原著作物とする二次的著作物の公衆への提供又は提示に際しての原著作物の著作者名についても，同様とする．**

この氏名表示権とは，要するに，著作者が実名や変名を著作者名として表示したり，表示しないでおいたりすることのできる権利です．この**変名**とはいわゆるペンネームを指していて，たとえばTwitterのアカウント名なども含まれます．

さて，あなたが他人の著作物を使用するときに，著作者人格権との兼ね合いではいったい何に気をつけなければならないでしょうか．

特に，プログラムの著作物との関係では，「その著作物の公衆への提供若しくは提示に際し」というところがポイントです．先ほど，著作物であるソースコードを，権利者の許諾を得ないでオンラインで公開すると，公衆送信権の侵害となることを説明しました．これに対応しようとして努力したにもかかわらず，なかなか権利者に連絡がとれず，どうしても公開したい気もちも抑えきれず，「きっと見つからないから大丈夫だろう」と思って，もとの著作者名を伏せて公開したケースを考えてみましょう．

やれる限りのことはやったし，連絡がとれないのだから許されるはずと思うかもしれません．しかしこの場合，公衆送信権と同時に氏名表示権まで侵害することになります．

著作者人格権の最後は，著作権法 20 条 1 項が規定する**同一性保持権**です．

著作権法 20 条 1 項 **著作者は，その著作物及びその題号の同一性を保持する権利を有し，その意に反してこれらの変更，切除その他の改変を受けないものとする．**

著作物には，著作者の個性，たとえば何らかの思いであったり考え方であったりが反映されています．

したがって，特定の表現にいたったことには著作者なりの理由があるはずです．

著作者の人格を守るために，著作物に使われた表現の内容やタイトルが，著作者の意に反して改変されることを禁止するのがこの権利です．ただ，改変の結果，もとの著作物の表現がおよそ残っていないような場合には，もはやまったく別の表現といえますので，同一性保持権の侵害とはなりません．

ところで，プログラムの著作物との関係では，他のエンジニアが書いたソースコードを部分的に書き直すことはさまざまな理由で行われますが，それによっていちいち同一性保持権の侵害のおそれがあるということになると，きわめて煩雑です．

そこで，著作権法上，たとえば**特定の OS 上でしか動作しないプログラムを他の OS 上でも動作できるようにしたり，プログラムによる処理方法や効率を改善したりするための改変によって，同一性保持権を侵害することはない**と明記されています．

著作権法 20 条 2 項 **前項の規定は，次の各号のいずれかに該当する改変については，適用しない．**

(…中略…)

三　特定の電子計算機においては実行し得ないプログラムの著作物を当該電子計算機において実行し得るようにするため，又はプログラムの著作物を電子計算機においてより効果的に実行し得るようにするために必要な改変

COLUMN

ここでお気づきの方も多いのではと思いますが，わかりにくいのは，著作財産権である翻案権と，著作者人格権である同一性保持権との違いです．もちろん，著作財産権と著作者人格権としての性質の違いはありますし，細かくみていけば微妙な差異もありますがかなりテクニカルな議論になります．

ここでは，この2つは「同時に問題になることが多い」ということだけ，理解しておいてください．

❹ 特許権との対比

最後に，「権利がどうやって発生するのか」という観点から，著作権と特許権の対比をしておきたいと思います．

まず，特許権についてはすでに説明したように，発明を行った個人か，その個人から特許を受ける権利を引き継いだ個人や会社などが，特許出願というものを行ってはじめて得ることができるのでした．

特許法36条1項 **特許を受けようとする者は，次に掲げる事項を記載した願書を特許庁長官に提出しなければならない．**

これに対して，著作権法17条1項は，次のように規定しています．

著作権法17条1項 **著作者は，（…中略…）「著作者人格権」（…中略…） 並びに（…中略…）「著作権」（…中略…） を享有する．**

著作権法17条2項 **著作者人格権及び著作権の享有には，いかなる方式の履行をも要しない．**

これはどういうことかというと，**著作権**（ここでは，著作財産権と著作者人格権の両方を含む意味で用いますが）を得るのに，特許法の世界でいう特許出願のような手続きは一切不要だということです．いいかえると，**著作物を創作したまさにその瞬間に著作権という権利は生まれている**のです．

このことは，これから新たな表現をする側，つまり社会の側からみると，ある意味で強い制約として働きます．次のようなケースを考えてみましょう．

あるケース **新人の小説家がある推理小説を発表して，大きな話題になりました．すると，別の小説家が，「あのトリックは，つい先日発表した私の作品のトリックをモチーフにしている」といい始めました．**

実際，新人の小説家は，この別の小説家だけでなく，さまざまな作品から大なり小なり影響を受けていたとします．仮に，著作権によって，表現の基礎にあるアイデアまで保護されてしまうとした場合，この新人の小説家のように，ある表現からインスピレーションを受けて新しい表現を行うことが，およそ許されなくなってしまいます．

著作権法による保護の対象があくまで「思想又は感情を （…中略…） 表現したもの」にとどまるのには，こうしたことへの配慮もあります．

SECTION 1.13 著作権は誰のものか

いや～勉強になったな～．学生のころも論文を書いたり，人のコーディングをまねてプログラムをつくったりしてたけど，著作権なんて意識したことがなかったもので…….

ところで，特許法では，「職務発明」という規定があったけど，著作権法でも似たような制度はあるんですか？

あるよ．
ただ，特許法と異なる点もあるから注意が必要だよ．詳しくみていこうか．

❶「著作者」とは誰か？

ここまで，著作権法が何を保護して，著作権がどんな権利なのか，そして著作権がいつ著作者に発生するのかといった点に光を当ててきましたが，そもそも**著作者**とは誰なのかという問題には（あえて）触れてきませんでした．

その理由は**職務著作**と呼ばれる制度にあるのですが，これについて，まずは基本的なところから説明していきましょう．

著作権法2条1項　**この法律において，次の各号に掲げる用語の意義は，当該各号に定めるところによる．**

（…中略…）

二　著作者　著作物を創作する者をいう．

著作権法によれば，著作者とは著作物を創作する者だと定義されています．これだけみると実にシンプルで，何を悩むことがあるのかと不思議に思われるかもしれません．

いいかえれば，著作者と認められるためには，実際に「著作物を創作する」ことが必要です．つまり，**ある表現を行うのに必要な資金を提供したり，新しい表現のもととなるアイデアを共有したりしても，そして実際上そのことの創作への貢献が大であったとしても，著作者として認められる行為ではない**のです．

また，口述筆記者のように，創作者の思うがままにいわば手足として働いた者も，著作者とは認められません．あるいは，契約で「著作者」を決めようとしても，著作者が誰であるかを曲げることはできません．

なお，この定義に該当する著作者には，創作した著作物について，（著作財産権と著作者人格権の両方を含む意味での）著作権が自動的に与えられるという点に注意しておいてください．

❷ 著作者と職務著作の関係は？

さて，以上を踏まえたうえで，組織に所属するエンジニアには避けて通れない**職務著作**と呼ばれる制度をみていきます．

著作者の定義は，なぜそうなるのかが直感的にわかりにくい（少なくとも私には）と思われます．
ポイントは，この「職務著作」という制度と合わせて理解することです．

職務著作の原則型を定めている著作権法 15 条 1 項をみてみましょう．

著作権法 15 条 1 項 法人その他使用者（以下この条において「法人等」という.）の発意にもとづきその法人等の業務に従事する者が職務上作成する著作物（プログラムの著作物を除く.）で，その法人等が自己の著作の名義の下に公表するものの著作者は，その作成の時における契約，勤務規則その他に別段の定めがない限り，その法人等とする.

この規定の結論をみてみると，「著作者は　（…中略…）　その法人等とする」とあります．つまり，たとえば，ソフトウェアの開発会社に勤めているプログラマーがあるソースコードを書いたときに，それが職務著作にあたった瞬間，ソースコードの著作者は（プログラマーでなく）開発会社になるのです．

会社が著作者になる（いいかえると，その社員であるプログラマーは著作者にならない）と聞いて，違和感はないでしょうか．先に述べた特許法の世界では，**職務発明**であっても，実際に発明をした個人だけが発明者となることができたことを思い出してください．職務著作と職務発明，似た言葉ではありますが，考え方がまったく異なるのです．

この理由を説明します．先に，著作権には，著作財産権と著作者人格権と呼ばれる2つの権利の束があり，このうち著作者人格権は著作者自身と切り離すことができない権利だと説明しました．

一方，**職務著作とは要するに，一定の条件を満たした著作物の著作権を，会社などの使用者に帰属させる制度**なのです．すると，仮に，その社員であるプログラマーを著作者として扱ってしまうと，著作者人格権の扱いが宙に浮いてしまいます．

それでは，職務著作と著作者の関係についてひととおり触れたところで，どのような条件を満たすと，著作物が職務著作となるのかをみていきましょう．

すでに著作権法15条1項を引用しましたが，プログラムの著作物と関係するのは，職務著作の例外型を定めた同条2項です．

著作権法15条2項 **法人等の発意に基づきその法人等の業務に従事する者が職務上作成するプログラムの著作物の著作者は，その作成の時における契約，勤務規則その他に別段の定めがない限り，その法人等とする．**

具体的に，プログラムの著作物が職務著作となるための条件は，次の3点に細分化できます．

⑴ 会社などの使用者の発意にもとづいて（著作物が）作成されたこと
⑵ 使用者の業務に従事する者が，職務上作成するプログラムの著作物であること
⑶ その作成の時点で，契約，就業規則などに異なる約束事がないこと

これらを1つずつみていきましょう．まず「使用者の発意に基づいて」著作物が作成されたというのはどういう場合かというと，勤務する会社の上長から具体的な指示や命令があった場合はもちろんですが，**普通に考えればその著作物を作成することが職務として期待されているような場合も含まれます．**たとえば，あるソフトウェアの開発を担当している場合に，はっきりした具体的な指示を受けずにその開発に必要なプログラムを創作した場合でも，それは使用者の発意にもとづいて行ったものといえるでしょう．

次に「職務上作成する」とは，プログラムの著作物の作成が職務として行われることをいいます．一見わかりやすい条件ですが，特に，近ごろ働き方がこれまで以上に多様化してきており，柔軟化された就労時間や場所との関係で，職務とそれ以外の境界を見定めることが難しくなってきているように思います．どちらかといえば労務管理の議論になりますので深入りは避けますが，使用者とトラブルになるおそれのあるポイントですので，職務とそれ以外の境界がどこにあるのかには注意を払い，もし懸念があるのであれば事前に使用者（会社）と確認するなどしたほうがよいように思います．

また「使用者の業務に従事する者」という条件に少しだけコメントすると，使用者との間にフルタイムの雇用関係があるかどうかは問題でなく，たとえば非常勤のエンジニアであってもこの条件を満たします．他方で，たとえば（業務の実体にもよりますが），**業務の発注者からソフトウェアの開発を受託したような場合は，発注者にエンジニアが「使用」されるわけではありませんので，一般にはこの条件を満たさない**と考えられます．

最後に「作成の時点で，契約，就業規則などに異なる約束事がないこと」という条件をみていきましょう．多くの会社や大学・研究機関などでは，職務上作成された著作物の扱いを定めた規程があるかと思います．こうした規程や，あるいは会社などとの雇用契約の中に，「職務上作成した著作物の著作権は，それを作成した者に帰属する」といった規定があると，この条件を満たさないことになります．

すなわち，**職務著作という制度は，こうした個々の会社や大学・研究機関などの事情に応じた約束事を上書きするほどの強い効果をもたない**わけです．

ただし，こうした約束事は，著作物が作成される時点までに存在しなければなりません．優れたプログラムを創作した時点では会社との間にそのような約束事がなかった場合，それが職務著作となって（つまり会社が著作者となって）しまうと，会社と交渉して著作権（著作財産権）を譲渡してもらう以外に、創作したプログラムについて自らの権利を主張できるようにする方法はありません．しかも，著作財産権を譲ってもらった場合でも，あくまで会社が著作者ですから，著作者人格権（公表権・氏名表示権・同一性保持権）は得る（譲渡してもらう）ことはできません．

以上，プログラムの著作物を対象とする職務著作の例外形を説明してきましたが，たとえば，論文やブログ記事のようなプログラム以外の著作物に適用される原則型（著作権法 15 条 1 項）との違いを，表 1.1 に整理しておきます．

表 1.1 職務著作における原則型と例外型の比較

原則型	例外型（プログラムのみ）
使用者の発意にもとづく	左同
使用者の業務に従事する者が，職務上作成する著作物である	使用者の業務に従事する者が，職務上作成するプログラムの著作物であること
使用者が自己名義で公表するものである	―
契約，就業規則などに異なる約束事がない	左同

ポイントは，プログラムの著作物は，公表することが一般に予定されていないことです．そのため，**プログラムの著作物が職務著作として認められるための条件には，公表する著作物なのかどうかは含まれない**のです．

❸ 共同で創作した著作物の扱いは？

プログラムは,一からすべて 1 人でつくり上げるケースばかりではありません．このような，ある著作物の創作に複数人が関与した場合には，誰が著作者となるでしょうか．

複数人が共同して創作した著作物を**共同著作物**といいます．

より厳密には，それに加え，創作に関与した者のそれぞれの貢献を分離して個別的に利用することができないものをいいます.

著作権法 2 条 1 項 この法律において，次の各号に掲げる用語の意義は，当該各号に定めるところによる.

(…中略…)

十二　共同著作物　二人以上の者が共同して創作した著作物であつて，その各人の寄与を分離して個別的に利用することができないものをいう.

一方，創作への関与といっても，実際に創作を行う以外に，創作の基礎にあるアイデアを提供する，別の作品を通じてインスピレーションを与える，創作の過程に必要な作業の準備を手伝う，創作に不可欠な資金を提供する，といったように，さまざまなかかわり方があります.こういった場合は,どうなるのでしょうか.

結論としては,「思想又は感情を創作的に表現した」といえるようなかかわり方でなければ，作品は共同著作物としては認められません．したがって，ある著作物の創作者にいかに多額の資金を提供したとしても，あるいは著作者をどんなに献身的な支えたとしても，作品の著作者と認められないのです.

また，逆にいえば,「思想又は感情を創作的に表現した」といえるようなかかわり方を作品に対してしたとすれば，共同著作物との関係では，そのような関係者全員が著作者となります.

なお，共同著作物が「各人の寄与を分離して個別的に利用することができないもの」である必要があることを理解することは難しくないでしょう．たとえば，もし開発されたシステムに組み込まれた分離利用可能なモジュールのように各人が創作したものを別々に利用することができるのなら，そもそも最終的なプログラムには複数人が関与したといっても，そうした個別の貢献を独立した著作物とみて，著作物ごとに著作者をとらえればよいのあって，共同著作物としてとらえる必要はないのです.

SECTION 1.14 著作権の効力とは

先輩，でも著作権って効力がいまいちですよね．特許権ほど使えないというイメージなのですが…….

え～，そうなんですか！特許みたいに手間がかからないし，自分でハンドリングできそうだと思ったのにな…….

まったくすぐにネガティブなことをいい出すんだから．使い方次第でしょ？！著作権の効力について，特許権との違いを含めて説明していくよ．

① 著作権の侵害とは？

14 ページで説明したように，特許の場合，侵害した側が仮に侵害の対象となる発明のことを知らなかったとしても，特許権によって保護されている技術のアイデアを，特許権者の許諾を得ないで実施してしまうと，そのことだけで特許権を侵害したことになりました．

ところが，著作権の場合，たとえば著作財産権に含まれる**複製権**でははこれと違って，2 つの著作物の表現内容が同じようなものであっても，一方が他方に「依拠」したといえる関係になければ，複製権の侵害とはならないとされています．

依拠とは，「何かをよりどころにする」ことをいいます．

要するに，複製権の侵害が公に認められるためには，「独自に創作を行った結果，たまたま同じような著作物を創作してしまった」のではなく，「先に創作された著作物の内容を知っていて，それをあえて模倣した」という関係を証明してみせることが必要だというのです．

なぜ，このような違いがあるのかというと，新しい表現は次々と生まれてきますし，そうした表現に著作権は認められ，（特許権とは違って）特別な手続きは一切必要とされないからです．

人は誰もが多くの人と同じ時代，同じ社会を生きています．そうした人々との共通体験を通して，共通の思いや価値観が生まれて，シンパシーやグルーヴを感じたりもするものです．その結果として，自然の成り行きで同じような表現がいくつも生まれます．したがって，特許権ほどの強い独占権を著作権の名の下に先行者に与えてしまうと，創作の自由に与える影響が大きすぎるのです．

❷ 著作財産権の侵害に対して何ができるか？

「ほら，やっぱり著作権は権利として弱い」と思ったかもしれません．しかし，著作財産権，たとえば複製権が侵害された場合，権利者は，その侵害によって被った損害の賠償を請求することができます（民法 709 条）．

そのほかにも，特許権に対する侵害と同様に，**侵害の差し止め**，つまり現に行われている侵害を停止させ，将来行われるおそれのある侵害を予防することも求めることができます．

著作権法 112 条 1 項 著作者，著作権者 （…中略…） は，その著作者人格権，著作権 （…中略…） を侵害する者又は侵害するおそれがある者に対し，その侵害の停止又は予防を請求することができる．

ただし，著作物が**共同著作物**であるなど，著作財産権を複数の権利者が共有する場合は，権利を行使するうえで面倒なことがあります．

著作権法 65 条 2 項 共有著作権は，その共有者全員の合意によらなければ，行使することができない．

たとえば，複数のエンジニアがプログラムの著作物を共同して創作したものの，そのうち疎遠になって連絡がとれなくなってしまった，という場面をイメージしてください．権利の行使の前提となる「その共有者全員の合意」を得るのは困難でしょう．

これがあるがために，どうしてもそうすることが必要な場合以外は，著作財産権の共有は避けたほうがよいように思います．

また，著作権にも特許権と同様，権利が存続する期間（**保護期間**）が定められています．ただし，著作権の保護期間にはこれまで変遷があり，また政策的な理由からいくつか細かいバリエーションもあるのですが，原則的な考え方については，著作権法51条で次のように定められています．

著作権法51条1項 著作権の存続期間は，著作物の創作の時に始まる．

著作権法51条2項 著作権は，この節に別段の定めがある場合を除き，著作者の死後（共同著作物にあつては，最終に死亡した著作者の死後．次条第一項において同じ．）七十年を経過するまでの間，存続する．

著作財産権は，要するに，著作物が創作されたまさにその瞬間から，その著作物を創作した著作者が亡くなって70年が経過するまで，保護されることになります．

なお，保護期間が経過すると，著作物は**パブリックドメイン**にあるものとして扱われることになります．これは，その著作物について著作権による保護が存在せず，誰でも自由に利用することができる，社会全体で公有すべき財産となったことをいいます．

③ 著作者人格権の侵害に対して何ができるか？

対して，氏名表示権のような著作者人格権は，著作物の財産としての側面を保護する権利ではありませんが，これが侵害された場合も，権利者（つまり著作者）は，その侵害によって被った損害の賠償を請求することができます（民法709条および710条）．

また，著作財産権と同様に，**侵害の差し止め**を求めることもできます．ただし，**著作者人格権を行使できるのは，（著作権者ではなく）著作者**だという点に注意してください．

著作権法112条1項 著作者，著作権者（…中略…）は，その著作者人格権，著作権（…中略…）を侵害する者又は侵害するおそれがある者に対し，その侵害の停止又は予防を請求することができる．

そして，著作者人格権は，著作者の人格と結びついた権利だということはすでに説明しましたが，著作者人格権を侵害する行為に何か手を打ちたいと思う理由が，金銭の問題ではなく，名誉や声望の問題であることも多いでしょう．

そこで，著作者の名誉を回復するための措置というものが認められることがあります．そうした措置の中でよくみられるものが，**謝罪広告**と呼ばれるものです．

著作権法115条 著作者（…中略…）は，故意又は過失によりその著作者人格権（…中略…）を侵害した者に対し，損害の賠償に代えて，又は損害の賠償とともに，著作者（…中略…）であることを確保し，又は訂正その他著作者（…中略…）の名誉若しくは声望を回復するために適当な措置を請求することができる．

ところで，著作者人格権には，（著作財産権と同じような意味での）**保護期間**は存在するでしょうか．ここで，著作者人格権は著作財産権とは違い，著作者だけに帰属して，誰にも譲渡することができなかったことを思い出してください．

著作権法59条 著作者人格権は，著作者の一身に専属し，譲渡することができない．

つまり，譲渡はもちろん，相続することもできませんので，**著作者である個人が生きている間に限り，また，職務著作の場合は著作者である会社などが存続する間に限り，著作者人格権も存続します**．一方で，著作者が亡くなったり消滅したりすれば，著作者人格権も消滅します．

ただ，著作者人格権が消滅した後は，著作者人格権にまったく配慮する必要がないかというと，実はそうではない，というところがトリッキーです．

著作権法60条 著作物を公衆に提供し，又は提示する者は，その著作物の著作者が存しなくなつた後においても，著作者が存しているとしたならばその著作者人格権の侵害となるべき行為をしてはならない．ただし，その行為の性質及び程度，社会的事情の変動その他によりその行為が当該著作者の意を害しないと認められる場合は，この限りでない．

著作者がいなくなり，著作者人格権が消滅した後であっても，著作物を公衆に提供などする場合は，仮に著作者人格権（公表権・氏名表示権・同一性保持権）がまだ存続していたとしたらその侵害となるようなことをしてはならないと定められています．

SECTION
1.15

著作権の新しい柔軟な権利の制限について

本条先輩．おかげで，原則的な話はよくわかったんですが，う～ん……，正直，自分の身のまわりで起きていることを思い出してみると，ちょっとご説明と違うなということは割と多くあるように感じますが…….
特許法では，特許権の効力がおよばない制限規定のようなものがありましたけど，著作権法でもそのような規定があるんですか？

そんな見つめられると，……（うるうる）さまざまな規定があるよ.

おっと，そこでストップ！
白桃さんが説明してあげる．少し複雑だけど，頑張ってついてきてね！

① 著作権の制限とは？

著作権法の説明もいよいよ終わりが近づいてきましたが，もう一度だけ著作権法の目的に戻りましょう．

著作権法１条　**この法律は，著作物並びに実演，レコード，放送及び有線放送に関し著作者の権利及びこれに隣接する権利を定め，これらの文化的所産の公正な利用に留意しつつ，著作者等の権利の保護を図り，もつて文化の発展に寄与することを目的とする．**

このように，著作権法は，あくまで文化の発展への寄与をゴールにしており，そのための手段として著作者などの権利を保護し，創作のインセンティブを高めつつ，「著作者の権利　(…中略…)　の公正な利用に留意し」ているのでした．

この公正な利用への留意を表しているのが，著作権法 30 条以下の「著作権の制限」に関する一連の規定です．先ほど，権利者の許諾を得ずに著作物を複製すると，**原則として**複製権を侵害することになると説明しました．しかし，どんなものでも，原則があるところには例外があり，著作権法でも権利者の許諾を得ずとも権利の侵害とはならない場合があります．そのための条件を細かく定めているのが，この「著作権の制限」に関する規定です．

そして，こうした具体的な規定には，

- 「私的使用のための複製」に関する著作権法 30 条
- 「付随対象著作物の利用」（いわゆる写真の写り込みなど）に関する著作権法 30 条の 2
- 「引用」に関する著作権法 32 条
- 「プログラムの著作物の複製物の所有者による複製等」に関する著作権法 47 条の 3

などがあります．本書では，こうした規定のうち（著作権法の伝統的な世界観からすると，著作権法の中にあるのが不思議なくらいの）情報技術と関連の深い，いくつかの規定を説明していくことにします．

❷ 新しい柔軟な権利制限規定とは？

著作権を制限する規定の中には，文化の発展というよりも，経済や産業の振興を目的としているようにみえる規定もいくつかあります．これらは，著作権を制限したとしても文化の発展を損なわないような場面で，著作物を柔軟に利用できるようにしたものといってもよいかもしれません．これだけでは，おそらく何のことかわからないと思いますので，実際に規定をみてみましょう．

著作権法 30 条の 4　著作物は，次に掲げる場合その他の当該著作物に表現された思想又は感情を自ら享受し又は他人に享受させることを目的としない場合には，その必要と認められる限度において，いずれの方法によるかを問わず，利用することができる．ただし，当該著作物の種類及び用途並びに当該利用の態様に照らし著作権者の利益を不当に害することとなる場合は，この限りでない．

一　著作物の録音，録画その他の利用に係る技術の開発又は実用化のための試験の用に供する場合

二　情報解析（多数の著作物その他の大量の情報から，当該情報を構成する言語，音，影像その他の要素に係る情報を抽出し，比較，分類その他の解析を行うことをいう．

(…中略…))の用に供する場合

三 前二号に掲げる場合のほか，著作物の表現についての人の知覚による認識を伴うことなく当該著作物を電子計算機による情報処理の過程における利用その他の利用(プログラムの著作物にあつては，当該著作物の電子計算機における実行を除く．)に供する場合

この著作権法30条の4が掲げている，以下の場面で，それぞれ著作物を用いるシーンを考えてみましょう．

(1) 技術の開発や実用化のための試験を行う場面
(2) 情報解析（大量の情報から要素を抽出して解析すること）を行う場合
(3) 著作物の表現を人が知覚しないやり方で，コンピュータ上で情報処理を行う場面

こういった場面では，そもそも，著作物に表現された思想や感情を享受したり，誰かに享受させたりすることを目的とはしていないでしょう．

たとえば，インターネット上にあるブログの情報を片っ端から記憶させてデータマイニングを行う場合，誰か著作物に表現された思想や感情を享受した人はいるでしょうか．著作権法が本来保護すべきなのは，思想や感情を享受したり，させたりすることで，権利者が利益を得る機会や可能性なのだとすると（ここは考え方次第ですが)，このような場面でまで著作権を保護しなければならない必要性は高くないはずです．

他方で，そうした場面であれば，どんなやり方で著作物を利用させてもよい，というのもどこか合理性を欠くように思われます．そこで，**許される利用の目的との兼ね合いで「必要と認められる限度」で，かつ，「著作権者の利益を不当に害さない」場合のみ，方法を問わず利用することができる**こととされています．

とはいえ，これによって，ブログやSNS上のテキストデータを収集し，機械学習を行うための学習用データセットを作成するようなことが，著作権法上は，著作権者の許諾を得ることなく行えることになります．ただし，「著作権法上」は，というところがポイントで，たとえば，サーバに負荷をかけるようなやり方でデータにアクセスすることがサービスの利用規約などで禁じられている場合に，その規約に違反するようなやり方をとることまで著作権法が認めているわけではあり

ません．

以下のキャッシュのしくみと関連する著作権法47条の4も，この著作権法30条の4と同じような趣旨から設けられているものです．

著作権法47条の4・1項 **電子計算機における利用（情報通信の技術を利用する方法による利用を含む．（…中略…））に供される著作物は，次に掲げる場合その他これらと同様に当該著作物の電子計算機における利用を円滑又は効率的に行うために当該電子計算機における利用に付随する利用に供することを目的とする場合には，その必要と認められる限度において，いずれの方法によるかを問わず，利用することができる．ただし，当該著作物の種類及び用途並びに当該利用の態様に照らし著作権者の利益を不当に害することとなる場合は，この限りでない．**
（以下略）

著作物にあたるデータを記憶媒体に保存することは，それがたとえ一時的なものであっても，（理屈のうえでは）複製権を侵害することになってしまいます．

細かくは説明しませんが，この規定があることにより，情報通信の処理を高速化するためにキャッシュを生成することが（いちいち権利者の許諾を得る必要もなく）できるようになります．

最後に，上の2つの規定とはやや趣きが異なり，著作物の利用によって権利者に軽微な不利益は生じるものの，それを上回る社会の利益とそのニーズが見込まれる場合に，著作権を制限することを目的としている著作権法47条の5を紹介します（一部省略していますが，それでもかなり読みづらい規定ですので，内容が頭に入らなくても気にしないでください）．

著作権法47条の5 **電子計算機を用いた情報処理により新たな知見又は情報を創出することによつて著作物の利用の促進に資する次の各号に掲げる行為を行う者（（…中略…））は，公衆への提供又は提示（送信可能化を含む．以下この条において同じ．）が行われた著作物（以下（…中略…）「公衆提供提示著作物」という．）（公表された著作物又は送信可能化された著作物に限る．）について，当該各号に掲げる行為の目的上必要と認められる限度において，当該行為に付随して，いずれの方法によるかを問わず，利用（（…中略…）軽微なものに限る．以下（…中略…）「軽微利用」という．）を行うことができる．ただし，（…中略…）著作権者の利益を不当に害することとなる場合は，この限りでない．**

一　電子計算機を用いて，検索により求める情報（以下 （…中略…）「検索情報」という.）が記録された著作物の題号又は著作者名，送信可能化された検索情報に係る送信元識別符号（自動公衆送信の送信元を識別するための文字，番号，記号その他の符号をいう.）その他の検索情報の特定又は所在に関する情報を検索し，及びその結果を提供すること.

二　電子計算機による情報解析を行い，及びその結果を提供すること.

三　前二号に掲げるもののほか，電子計算機による情報処理により，新たな知見又は情報を創出し，及びその結果を提供する行為であつて，国民生活の利便性の向上に寄与するものとして政令で定めるもの

結論をいうと，この規定があることによって，権利者の許諾を得ることなく，公表された書籍や論文の検索サービス（例をあげるとGoogleブックスのようなもの）を提供することができるようになります．こうしたサービスを提供するためには，書籍や論文のデータを複製し，サーバにアップロードしたうえで，検索結果としてその一部を出力する必要があるわけですが，本来これらは著作財産権を侵害する行為です.

それが，この規定が定める条件を満たす限りにおいては，著作財産権の侵害が回避できるようになっています.

COLUMN

それにしても，著作権法を学んだ法律家の目線からすれば，なぜ，このような規定の内容になったのか理由はわからないではないのですが，一般の人は，おそらく，相当注意深く読み込んでも，この規定が意図するところを理解することは難しいでしょう.

これを必要とするユーザにこの規定を届けるためには，まだ工夫が必要なように思います.

第2章 契約－当事者のインセンティブのデザイン

本章では，AI・データにかかわる契約（特に学習済みモデルの開発を目的とした契約）について解説します．

エンジニアからすれば，法律同様，契約も避けて通りたいものかもしれませんが，きちんとした契約がされてこそ開発や研究が思う存分できるものです．

具体的なケースを想定して，個々の契約のデザインについて，説明します．

SECTION 2.1

契約とは

白桃さん，さっそくですが，相談があります．

すごい，すごいっ！さすが○○大学・大学院で機械学習を研究してただけあって，積極的だね～．よしよし．それで何かな？田野丸．

大学のときの友だちで，いま，△△化学の生産管理部で働いているやつがいるんですけど．

△△化学っていったら，老舗の中堅の生産財メーカーだよね．
それがどうかしたの？

いや，生産工程の最適化について何か具体的な取り組みを提案するようにいわれているらしくて，お前のところで何かソリューションをもってないかって相談を受けたんですよ．

ふ～ん……．エンジニアなのに，自分で新たな仕事まで見つけてきちゃって，……えらいね．で？

まぁ～白桃さんに負けてられないというか．それでですね，△△化学がもっている生産工程のデータを利用して，生産工程の最適化に使えそうな学習済みモデルを開発する取り組みを提案しようかと思っているわけです．

うんうん．いいんじゃない．ガンバレ！

ところがですね，どうも△△化学にはこういった場合の契約の経験がないらしく，さらには，うちの会社にとっても実は新しい取り組みだったりすることがわかったわけです．契約というと面倒だし，…….

おいおい．

別に実際に契約って必要なのかな？
お互いに納得していれば，別にいいんじゃない？
本当の意味で契約が必要かがよくわからない．

わかりました．それでは，契約の重要性について，説明してあげましょう！

1 契約の目的とは？

契約とは，そもそも何でしょうか．われわれは日常，何となしに題名に「契約書」と書かれた書面，たとえば雇用契約書や賃貸借契約書といったものに，署名したり押印したりしています．しかしながら，そういった契約書に少しかかわったことがある人でも，契約というものがいったいどういうものなのか，正面から考える機会はあまりなかったのではないでしょうか．

契約について大事なことは２つあります．まず，契約とは，契約の当事者の間に「権利と義務を生じさせる約束」だということです．

ここで，ある当事者に「権利がある」とは，契約に定められた内容を行うかどうか，その当事者が選ぶことができることを指します．

他方，ある当事者に「義務がある」とは，契約に定められた内容を，その当事者が行わなければならないということです．

この権利と義務を定めるのが，契約を結ぶ目的です．

正確には，その約束のうえに認められる法的な評価のことです．

もう１つ大事なことは，「契約には拘束力が働く」ということです．契約に定められた約束が果たされなければ，法的な手段を通じてそれを強制することができます．そして，その**拘束力の基礎にあるのは，契約の当事者がお互いに約束を交わしたという事実**です．

このことからわかるように，「契約の拘束力がおよぶのは，あくまで約束を交わした契約の当事者だけ」です．契約の外にいる第三者に対し，契約の拘束力がおよぶことはありません．

❷ 契約書のひな形の役割とは？

そもそも，契約を結ぼうとするときには，契約を結ぶことで実現したい何かがあるはずです．ここでは，その「実現したいこと」を**取引**と呼ぶことにしましょう．たとえば，以下のような状況で，学習済みモデルの生成を委託する取引を行うことを考えていきます．

取引例 **△△化学（ユーザ）は，自社が保有しているデータの中にある規則性を利用した推論を行いたい．**

そこで，機械学習の技術・手法を得意としているAIレバレッジ（ベンダ）に，自社データから学習用データセットを作成し，機械学習を利用したプログラム（学習済みモデル）を生成する業務を委託することを検討している．

PoC（実証実験）として，ある程度まとまったデータに，よく知られたアルゴリズムを適用してみたところ，ユーザが期待するようなプログラムを生成できそうな一応の目処が立った．

このとき，意図したとおりの取引を実現するのに適切な契約を結ぶには，本来であれば，（特許法や著作権法の前に）民法の理解や知識が不可欠です．ただ，契約を扱う専門家であるならともかく，そうでもなければ，ある取引を実現したいからといって民法の基礎理論から学び始めるのでは，あまりに迂遠で，コストに見合った効果が得られません．

こうした道のりをショートカットするために，契約書の**ひな形**は利用されます．一般に利用されている契約書のひな形などには，民法をはじめとする関係法令はもちろん，取引上のよくある課題に関する知見や経験則による裏付けも盛り込まれています．したがって，類似の事例を想定した契約書のひな形がもしあれば，利用したり参照したりしない手はありません．なお，契約の**ガイドライン**と呼ばれるものにも，契約書のひな形と似たようなことがあてはまります．

ただ必ず注意しなければならないのは，たとえば「業務委託契約」と呼ばれるタイプの契約を例にとっても，ありとあらゆる業務委託の取引にそのまま使い回すことができる万能な契約書のひな形があるわけではないということです．そのため，**契約書のひな形は，そこに書かれていることを右から左に横流ししても，本当に実現したかった取引を実現できるとは限らない**のです．

つまり，契約書のひな形にしても，契約のガイドラインにしても，いうならば契約の物差しのようなもので，（くどいですが）そこに「正解」が書かれているわけではありません．ガイドラインやひな形に振り回されないようにするには，その背景にある考え方をまずよく理解する必要があります．

❸ AI・データ契約ガイドラインとは？

上記の取引の例では，経済産業省が 2018 年 6 月に公表した「**AI・データの利用に関する契約ガイドライン**」（2019 年 12 月にデータ編のみ 1.1 版が公表）に添付された**ソフトウェア開発契約書のひな形（モデル契約書）**を利用することができそうです．

このガイドラインには，このような契約を行う際の課題や論点，契約条項ごとの考慮要素などが整理されています．公表された当時，爆発的に増加するデータを利用した新しい技術の発展によって，さまざまな課題の解決が期待される一方で，それらの新たなタイプの契約には当事者の知見や経験が不足していたり，そもそも取引に関する知識のレベルに差があったりして，なかなか契約の締結が進まずに，社会全体からみて無駄が生じているという課題がありました．そこで，事業者や事業団体などの意見を踏まえ，経済産業省に設置された AI・データ契約ガイドライン検討会でも議論を重ね，策定に漕ぎ着けたのです．

このガイドラインは，データ編と AI 編から構成されていますが，上記の取引の例では AI 編のほうを利用することができます．AI 編では，いわゆる AI 技術の基本的概念や，AI 技術を利用したソフトウェア開発の特徴について解説したうえで，ソフトウェア開発のプロセスをいくつかの段階に分け，それぞれに適当な契約の形を示しています．

SECTION 2.2

契約と言葉の定義について

さすが白桃さん！基本中の基本がよくわかりました！

それはよかったよかった.

必要なことはわかったので，契約する方向で考えるとして，えっと，契約書だとデータは電磁波記録っていうんでしたっけ？

「電磁的記録」だよ．ふざけるな！

言葉がまず難しいんだよね〜…….

わかったわかった．次は言葉の定義について説明してあげる.

ここでは，**ソフトウェア開発契約書のひな形**（**モデル契約書**）を素材にして，契約の考え方や，モデル契約書の背景にある考え方を，具体的にみていきましょう．ただし，重要なのは「考え方」です．これから引用する条項は，あくまで参考程度に眺めておいてください.

前の SECTION 2.1 で，契約の目的は，「契約の当事者の権利と義務を定めることにある」と説明しました．したがって，契約書では，言葉を用いて当事者の権利と義務を設定していく必要があり，さらには誰が読んでも誤解が生まれないように，また意図した内容以外のものが契約の中に入り込まないように，できる限り厳密に 1 つひとつの言葉を扱う必要があります.

そこで大事になってくるのが，契約書の中で使う言葉の定義です．たとえば，次のモデル契約書 2 条では，契約書の中で使われる言葉の定義をまとめています．そして，モデル契約書 3 条以降では，これらの定義を参照しています．したがって，これらの定義を途中で変更したり，3 条以下の内容に変更を加えたりする場合には，相互の関係を強く意識しなければなりません.

モデル契約書２条

1．データ

電磁的記録（電子的方式，磁気的方式その他の方法で作成される記録であって，電子計算機による情報処理の用に供されるものをいう.）をいう.

2．本データ

別紙「業務内容の詳細」の「本データの明細」に記載のデータをいう.

3．学習用データセット

本データを本開発のために整形または加工したデータをいう.

4．学習用プログラム

学習用データセットを利用して,学習済みモデルを生成するためのプログラムをいう.

5．学習済みモデル

特定の機能を実現するために学習済みパラメータを組み込んだプログラムをいう.

(…中略…)

9．知的財産

発明，考案，意匠，著作物その他の人間の創造的活動により生み出されるもの（発見または解明がされた自然の法則または現象であって，産業上の利用可能性があるものを含む.）および営業秘密その他の事業活動に有用な技術上または営業上の情報をいう.

10．知的財産権

特許権，実用新案権，意匠権，著作権その他の知的財産に関して法令により定められた権利（特許を受ける権利，実用新案登録を受ける権利，意匠登録を受ける権利を含む.）をいう.

(以下略)

たとえば，「データ」の定義をみてみましょう．ここでは「電磁的記録」，つまりデジタルデータのことを指しています．

COLUMN

実は，「データ」＝「デジタルデータ」は論理必然ではありません．ただ，機械学習という手法を用いてソフトウェア（学習済みモデル）を開発するという目的との関係でいうと，デジタルデータ以外のデータの扱いを考える必要性は乏しいといえるでしょう．このような観点から，データを限定して定義しています．

また，「学習済みモデル」の定義はどうでしょうか．ここでは「特定の機能を実現するために学習済みパラメータを組み込んだプログラム」と定義してあって，何となくそんなものかと思われるかもしれません．しかし，「学習済みモデル」なるものを正面から規定する法律がないこともあり，契約上でこの言葉にどのような意味をもたせるのか，ベンダとユーザの双方の認識をきちんとすり合わせたうえで，できる限り明確に定義をしておく必要性が高いポイントです．

最後に「知的財産権」の定義をみておきましょう．モデル契約書では「……知的財産に関して法令により定められた権利……」とだけ定義されていますが，ここにもちょっとした考え方の工夫があります．

知的財産基本法２条２項　**この法律で「知的財産権」とは，特許権，実用新案権，育成者権，意匠権，著作権，商標権その他の知的財産に関して法令により定められた権利又は法律上保護される利益に係る権利をいう．**

このように，知的財産基本法という法律では，より広い**知的財産権**の定義を採用していて，たとえば，**ノウハウ**と呼ばれる情報に関する権利も，ここに含まれてくる可能性があります．

ただ，このノウハウの扱いについては，そもそもノウハウという言葉が具体的に指すものを事前に特定することが難しかったり，実効的な取り決めを行うことも難しかったりするうえ，なぜか答えの出ない議論が盛り上がってしまう傾向があります．そこで，モデル契約書では，知的財産基本法の定義を一部修正して，このような議論の空転をなるべく回避しようとしているわけです．

MEMO

SECTION 2.3

秘密情報の管理について

私の説明で，言葉の定義まではわかったかな？田野丸？

うん．だいたいはわかったと思う……．それでは，実際の契約でとても問題になりそうな秘密情報関連について，教えてもらいたいのだが……．

……．

これは白桃だけでは荷が重いのではないかな？本条先輩がサポートしてあげる．

……，そうですね．ちょっと大きな仕事になりそうです．

そんな顔しないでよ．田野丸と３人でチームとして取り組もう！

あっ，はい．

さて，いつも使っている契約のひな形でよいのか？それとも新しい契約をドラフトしないといけないのか？新しい契約の場合，どうやって契約をデザインしたらいいのか？順に検討していこう．

ユーザが自社保有のデータをベンダに提供して，学習済みモデルの開発を委託する契約を考えるときに実は難しいのが，特許権や著作権などの知的財産権によっては保護されないものの扱いです．

一般的な感覚に反するかもしれませんが，そのようなものの代表格が（著作権で保護されるごく一部のものを除いた）**データ**です．

それにもかかわらず，学習済みモデルを開発するためにベンダに開示されたデータの扱いは，この種の契約において最も重要な課題の1つです．上記の例でいえば，△△化学にとって，自社の商品と他社の商品を大きく差別化している要素として，製造時の各工程における温度や圧力などのパラメータの管理があります．そして，長年にわたって製造を続ける間に蓄積されたパラメータとでき上がった製品の関係性を表すデータは，△△化学にとって他社に知られてはいけない，まさに門外不出の貴重な虎の巻なのです．

これらの管理データそのものを権利による保護の対象とする法律の規定は（ほぼ）ないとはいえ，一定の条件を満たす場合には，**不正競争防止法**という法律によって，間接的に保護される可能性があります．

その「一定の条件」に含まれるのが，開示されたデータの管理に関することで，このデータの管理との関係で契約上重要なのが，**秘密保持条項**と呼ばれるものです．

一般的なものとデータ向けの条項が別々に設けられることがありますが，基本的な考え方は同じです．

モデル契約書14条には，次のような規定があります．

モデル契約書14条1項 ユーザおよびベンダは，本開発遂行のため，相手方より提供を受けた技術上または営業上その他業務上の情報（ （…中略…） ）のうち，次のいずれかに該当する情報（以下「秘密情報」という．）を秘密として保持し，秘密情報の開示者の事前の書面による承諾を得ずに，第三者（ （…中略…） ）に開示，提供または漏えいしてはならないものとする．

⑴ 開示者が書面により秘密である旨指定して開示した情報

⑵ 開示者が口頭により秘密である旨を示して開示した情報で開示後●日以内に書面により内容を特定した情報．なお，口頭により秘密である旨を示した開示した日から●日が経過する日または開示者が秘密情報として取り扱わない旨を書面で通知した日のいずれか早い日までは当該情報を秘密情報として取り扱う．

（以下略）

前ページは秘密保持条項として一般的な内容ですが，2つだけ，大事な点にコメントしておきます．

まず，この条項があることで，ありとあらゆる情報やデータが自動的に秘密として扱われるわけではありません．**情報やデータを開示する側が，それを「秘密」だと明示しない限り，開示された情報やデータが秘密として扱われなくても，契約上は（原則として）問題ない**ことになります．

なぜそのように規定すべきかは簡単です．契約を結んだ当事者の間では，ささいな内容も含めて，多くの情報やデータが飛び交う可能性があります．これらをすべて秘密として扱わなければならないとすると，あまり価値のない情報やデータにまで管理のコストを割かなければならず，負担が大きすぎます．このことは，ベンダとユーザの双方にあてはまることですので，開示される情報やデータを秘密として管理すべきかどうかは，それを開示する側に取捨選択させることにしているのです．

もう１つ大事なことは，開示された情報やデータをもとに，開示を受けた側が生み出した情報やデータ，たとえば，ユーザが開示したデータからベンダが生成した**学習用データセットや学習済みモデルは，⑴と⑵の「開示した情報」に含まれない（＝秘密の情報ではない）ととらえられるおそれがある**ということです．この問題を避けるために，⑶以降に「学習用データセット」などをはっきり指定するというやり方も考えられます．

また，秘密の保持というと，情報やデータの第三者への漏えいを禁止することだけがイメージに浮かぶかもしれませんが，もう１つ，情報やデータを開示する側に許されていない目的で情報やデータを使用する（＝ベンダ側が無断で情報やデータを使用する）ことを禁止することも，同じくらい重要です．

モデル契約書 14条3項 ユーザおよびベンダは，秘密情報について，本契約に別段の定めがある場合を除き，事前に開示者から書面による承諾を得ずに，本開発遂行の目的以外の目的で使用，複製および改変してはならず，本開発遂行の目的に合理的に必要となる範囲でのみ，使用，複製および改変できるものとする．

このように，データの取り扱い上，秘密保持条項は重要な意味をもつわけですが，それと同じくらい，あるいはそれ以上に重要かもしれないのは，**秘密保持条項の実効性には限界があることを相互に理解しておく**ことです．データは流通性がきわめて高いうえに，誰がデータを利用しているのかを外見でとらえることが難しいことから，「秘密を保持せよ」，と契約でしばってみたところで，それを確実に守らせることができるかどうかはまた別の話なのです．

すなわち，秘密保持条項は，秘密を守るうえで大事な手段ではありますが，万能ではありません．秘密保持契約や条項がある（あるいは，いざとなれば不正競争防止法がある）から，という理由で，いくらでもデータを開示しても大丈夫，と考えることはとても危険です．開示しなくても済むものは，開示しないのが一番です．

情報の管理はとにかく慎重に行い，必要なデータだけを開示するようにしましょう．

また，情報の提供を受ける側としては，自社にとって無益な情報の漏洩に係るトラブルに巻き込まれないよう，業務に必要のない情報の提供は受けないし，自社に記録として残さないようにしておくことが望ましいでしょう．

SECTION
2.4

学習済みモデルの開発責任

本条先輩．先輩に教えていただいたポイントについて△△化学の意向を確認するため，上長の□□課長に同行してもらってミーティングしてきました．

うん，よかったね．

それがよくないんですよ．帰ってきてからというもの，□□課長は「うちの会社にとってメリットがあるのか」「万が一のリスクはないのか」ばかりいってくるんですよ．

今回の件で，うちの会社がどういった義務を負うことになるのか，そこを明快にしていくことが大事だね．

上記の取引の例では，△△化学（ユーザ）が開示した自社保有データを利用して，AI レバレッジ（ベンダ）が学習済みモデルを開発していくことが企図されています．そうすると当然，AI レバレッジに対してデータを開示する△△化学の義務を契約に規定する必要がありますが，実は，この規定のしかたはそれほど悩まずにできます．

他方，学習済みモデルを開発する AI レバレッジの義務はどのように規定するのがよいでしょうか．AI レバレッジの義務を定めるやり方は，大きく分けて 2 通りあります．1 つは，学習済みモデルを完成させるところまでを AI レバレッジに義務付けるやり方で，もう 1 つは，学習済みモデルの完成というプロジェクトのゴールに向かって，ベストエフォートで開発を進めていくことを AI レバレッジに義務付けるやり方です．

モデル契約書では，後者の考え方を採用しています．以下で，「善良な管理者の注意をもって，本件業務を行う」とは，客観的にみてベストエフォートといえる水準で，学習済みモデルの開発を進めるということを意味します．

モデル契約書7条1項　**ベンダは，情報処理技術に関する業界の一般的な専門知識に基づき，善良な管理者の注意をもって，本件業務を行う義務を負う．**

どちらのやり方を選ぶかは，考え方が分かれるところです．学習済みモデルの完成をベンダに義務付ける場合は，どういった場合にそれが完成したといえるかについて指標を決める必要があります．しかし，学習済みモデルの開発がこれに利用されたデータの内容などに大きく依存することもあって，その指標の定め方をめぐって当事者の対立が生じることが少なくありません．それを回避したいという考慮も，この規定の背景にはあります．

これと関連して重要なのが，学習済みモデルの品質や性能を保証しないことを明示したモデル契約書7条2項です．

モデル契約書7条2項　**ベンダは，本件成果物について完成義務を負わず，本件成果物等がユーザの業務課題の解決，業績の改善・向上その他の成果や特定の結果等を保証しない．**

この規定の「成果や特定の結果等を保証しない」という表現から，学習済みモデルの品質や性能が保証されていないと読み取ることができます．

開発したものの品質や性能を保証しない，という結論だけをみると，なんだか開発したベンダが責任を果たしていないように思われるかもしれません．

しかし先に説明したように，あらゆる入力データに対して適切な出力を返すことを保証させることは，ベンダに困難を強いることになるため，このような規定を設けることにも合理性があるのです．

COLUMN

学習済みモデルの品質や性能は，その開発に用いられたデータの内容に規定される面があります．

そのため，学習済みモデルは，入力されたデータに対して一定の結果を出力しますが，開発に用いられたデータとは性質の異なる未知のデータに対して，ユーザが望むような出力を返すことまで，ベンダは保証しきれないでしょう．

SECTION 2.5 著作権と特許権は誰のものか

よしっ．これで，今回の取引の契約書のベースはだいたいできたね．いや～２人とも，本当にがんばってくれてありがとう．

俺，正直，本条先輩を見直しました．

私も私も．いつもは，……つい見た目がかわいくって．

先輩を，猫をかわいがるような目で見るな！

ふふっ，本当に先輩に教えてもらってよかったです．

あっ，あ～．えっと，ここからは先に教えた法令の知識の復習と，個々の対応の実践になるんだ．いい機会だから，白桃と田野丸でペアを組んで取り組んでもらえるかな？

えっ？

じゃ，白桃．あとはよろしく．あなたの海外で学んできた知識が活きる部分だよね？私は別の仕事があるから，お願いね！こう見えてもいそがしいんだ

よく知っております．それじゃ，田野丸くんをビシビシしごいてやろうかしら…….

❶ 著作権は誰のものか？

さて，学習済みモデルやその周辺に発生する著作権や特許権などの知的財産権について，契約時の対応を解説していきます．これらの問題をベンダとユーザの

間でどのように定めるのが適切かという決まった答えはなく，そのために大きな対立の種となることも，実務ではよくあるところです．

ベンダとユーザのどちらであっても，この取引から何らかの利益が得られるのでなければ，そもそも取引を進めようとは思わないでしょう．ベンダとユーザのどちらの側に立つにせよ，また短期と中長期のどちらの時間軸で評価するにせよ，取引を進めるインセンティブが生まれるのに十分な利益がお互いに確保されるように，それぞれの権利関係を設計する必要があります．

以下のモデル契約書 16 条から 18 条までで，開発の成果やその過程で生じるものに関する権利関係について定めますが，実際の取引の現場ではさまざまな背景事情がありうることを考慮して，複数のオプションが提案されています．ここでは，著作権の取り扱いを定めるモデル契約書 16 条 1 項のうち，ベンダに権利を帰属させる〔A 案〕とユーザに権利を帰属させる〔B 案〕をみていきましょう．

モデル契約書16条1項〔A案〕 本件成果物および本開発遂行に伴い生じた知的財産（以下「本件成果物等」という．）に関する著作権（著作権法第 27 条および第 28 条の権利を含む．）は，ユーザまたは第三者が従前から保有していた著作物の著作権を除き，ベンダに帰属する．

モデル契約書16条1項〔B案〕 本件成果物および本開発遂行に伴い生じた知的財産（以下「本件成果物等」という．）に関する著作権（著作権法第 27 条および第 28 条の権利を含む．）は，ユーザのベンダに対する委託料の支払いが完了した時点で，ベンダまたは第三者が従前から保有していた著作物の著作権を除き，ユーザに帰属する．なお，かかるベンダからユーザへの著作権移転の対価は，委託料に含まれるものとする．

この取引とは無関係に，以前から存在しているプログラムの権利の帰属をここでの議論のスコープに入れるのは（特に理由がない限りは）自然ではないので，〔A 案〕と〔B 案〕のどちらも，このような権利の扱いをスコープ外としています．

このような権利関係について考えるときに重要なのは，どんな対象について，どのような権利が発生し，その帰属によってどんな影響が出るのかを，**できる限り具体的に考える**ことです．

なぜなら，権利関係を抽象的なものとしてとらえてしまうと，自分たちの側の取り分は大きければ大きいほどいいといった「量」の最大化を目指す発想におちいってしまい，お互いの利害を見据えた建設的な議論が難しくなってしまうからです．

この場合でいうと，主に検討の対象となるのは，学習済みモデルや，それを開発するためのプログラムの著作物の著作権を，ベンダとユーザのどちらに帰属させる（あるいは共有する）のが適切かという議論でしょう．

ここでは，考える道すじをわかりやすくするために，学習済みモデルの著作権の扱いのみに検討の対象をしぼってみます．

ユーザとしては，開発した学習済みモデルを利用することができないと，学習済みモデルの開発に費用（とデータ）を投じた意味がありませんが，**買い取るかわりに，ベンダから必要な権利のライセンスを受けるやり方もあります**．他方，ベンダとしても，開発を請け負いながら，ユーザに学習済みモデルを利用させたくないということはないでしょう．

それにもかかわらず，学習済みモデルの著作権の帰属をめぐって議論が膠着してしまうケースが実際にあるのは，結局のところ，学習済みモデルのソースコードを開示する考え方について，ユーザとベンダで意見が衝突するためであることが多いように思われます．ユーザは，ソースコードを管理下において，必要に応じて保守や運用を請け負う会社など第三者の手も入れてメンテナンスしたいと思うでしょうし，ベンダは，自社のノウハウを含むソースコードを極力開示したくないでしょう．

この問題に，正しい答えがあるわけではありませんが，どのような答えを出すにしても考えておかなければならないことは，ベンダからノウハウ（ソースコード）の開示を受ける場合には当然，ノウハウの対価がユーザから支払われるべきだということです．それを踏まえて，著作権をユーザに帰属させる〔B案〕では，「著作権移転の対価は，委託料に含まれる」ことを明確にしています．

❷ 特許権は誰のものか？

実際，学習済みモデルの開発を目的とする取引を進めていくと，ベンダとユーザが合意した開発の対象である学習済みモデルのほかにも，その開発の過程で生まれる学習用データセットや，さらには学習済みモデルを開発するためのプログラムや発明，ノウハウなどが生じてくるはずです．こうしたものの中には，著作権や特許権などの知的財産権による保護の対象になりうるものが含まれます．

前の①で，開発の成果やその過程で生じるものの権利関係を定めるとして，まずモデル契約書 16 条で，主に，開発の成果である学習済みモデルの著作権の取り扱いを定めました．

これに続くモデル契約書 17 条では，開発の成果などを対象とした，著作権を除く知的財産権の帰属について規定します．

モデル契約書 17 条 1 項 **本件成果物等にかかる特許権その他の知的財産権（ただし，著作権は除く．以下「特許権等」という．）は，本件成果物等を創出した者が属する当事者に帰属するものとする．**

モデル契約書 17 条 2 項 **ユーザおよびベンダが共同で創出した本件成果物等に関する特許権等については，ユーザおよびベンダの共有（持分は貢献度に応じて定める．）とする．この場合，ユーザおよびベンダは，共有にかかる特許権等につき，本契約に定めるところに従い，それぞれ相手方の同意なしに，かつ，相手方に対する対価の支払いの義務を負うことなく，自ら実施することができるものとする．**

もっとも，著作権を除く知的財産権といっても，主に問題となるのは，開発の成果などに含まれる発明に対する特許権の扱いです．

ここでは，この点に焦点を当て，知的財産権を特許権と置き換えてみていきましょう．モデル契約書 17 条 1 項は，ベンダあるいはユーザの一方だけが開発の成果など（つまり発明）の創出に貢献した場合を，2 項は，双方がその創出に貢献した場合を規定していて，どちらも，創出に貢献した当事者に特許権を帰属させるという考え方をベースにしています．

このような規定は，論理必然的に導かれるものではありません．しかし，この取引の中で，開発を行う役割を担うのはベンダですから，開発の成果などのほぼすべてをベンダは単独で創出することになるはずです．そのうえで，それに含まれる発明の特許権（あるいは特許を受ける権利）をユーザに移転させることはもちろん可能ですし，そのことをベンダとユーザが合意して，契約書に明記してもよいわけです．

ただ，開発の成果など（主に学習済みモデル）に対する著作権の扱いを定めるモデル契約書 16 条の場合と違って，ベンダとユーザが契約を締結する時点では，その先にどんな発明が出てくるか（また，発明に相当する新しい技術のアイデアが生まれてくるかも）わからない部分があります．「わからないものの対価」という抽象的なテーマを議論しなければならないので，特許権については議論や交渉が空転してしまうおそれがあります．

発明を創出した側（主にベンダ）に特許権を帰属させるモデル契約書17条の考え方は，そうした**議論をいったん先送りするためのもの**でもあります．というのは，権利の帰属をどうするかとは別に，ユーザによる開発成果の利用をベンダが阻害できないようにする合意をしておくことは（権利の帰属を議論するよりも）容易で，かつ，差し当たりはそれで十分であることが多いためです．

事案ごとのバリエーションが多いため，ここでは詳細には立ち入りませんが，そのような合意を行うときに有用なのが，モデル契約書18条のような条項です．知的財産権の対象となるかどうかにかかわらず，開発の成果などに含まれるものをベンダやユーザが利用するための条件を，一覧表の形式で細かく定めていくことをできるようにする規定です．

モデル契約書18条【A案・原則型】 **ユーザおよびベンダは，本件成果物等について，別紙「利用条件一覧表」記載のとおりの条件で利用できるものとする．同別紙の内容と本契約の内容との間に矛盾がある場合には同別紙の内容が優先するものとする．**

これによって，開発の途中で生まれた発明に対する特許権がベンダに帰属するとして，たとえば，ユーザがその特許権を侵害したとしても，ベンダはその責任をユーザに問わないことを定めておくことができます．

COLUMN

権利の帰属をめぐる抽象的な議論は，どうしても空転してしまいがちです．その結果，取引が破談に陥ることを避けるため，自社が本当に解決したい課題が何なのかを具体的に考え，適切な利用条件を探るやり方も，視野に入れておくべきです．

MEMO

SECTION 2.6

第三者の知的財産権の侵害と責任

あ～，もう！こんなに面倒がかかるなら，気軽に引き受けるんじゃなかったな～．

ふふっ．最近，田野丸の心の声が聞けてうれしいな～．

茶化すな，白桃！今度は△△化学が，うちが特許権侵害をしていないという保証を契約に入れろといってきたんだ．さっそく□□課長が「やめておけばよかった」っていい始めてるよ．

ひがまない．心配していってくれてるんだからさ．
難しい問題だけど，契約をうまく考えて，保証できる内容と保証できない内容をケースバイケースで考えていけばいいのよ！
お金を払ってる側のユーザが責任をとりたくないのはしかたがない．でも，必ずしもベンダ側が責任をとるのが有効ではない場合もあるってことが大事だよ．

ここまで，開発の成果として，あるいは開発の過程で，生まれるものに関する権利や，利用条件を定めるやり方について説明してきました．これらは，「学習済みモデルの開発にともなって，当事者が生み出した知的財産（の利益）をどう配分するか」という，いわば開発と知的財産の「ポジティブな面」に焦点を当てるものです．

ただ，知的財産を生み出すのは，何も自分たちばかりではありません．せっかくの開発の成果が，ふたを開けてみたら，すでに第三者が行った発明の特許権を侵害するものだったということは，起こりうることです．

このように，ベンダが納品した開発の成果をユーザが実際に稼働させてみたところ，第三者の権利を侵害する結果となってしまったような場合，ベンダとユーザの責任関係をどのように考えるのがよいでしょうか．

こうした問題に対応するのが，モデル契約書 21 条の規定です．いくつもバリエーションがあるのですが，ここでは，ベンダがそうした権利を「侵害しないことを保証する」場合の〔A−1案〕と，著作権を除いて「侵害しないことを保証しない」場合の〔B案〕とを比べてみましょう．

モデル契約書21条〔A−1案〕

1 本件成果物等の使用等によって，ユーザが第三者の知的財産権を侵害したときは，ベンダはユーザに対し，（…中略…） かかる侵害によりユーザに生じた損害（ （…中略…） ）を賠償する．ただし，知的財産権の侵害がユーザの責に帰する場合はこの限りではなく，ベンダは責任を負わないものとする．

2 （以下略）

モデル契約書21条〔B案〕

1 本件成果物等の使用等によって，ユーザが第三者の著作権を侵害したときは，ベンダはユーザに対し，（…中略…） かかる侵害によりユーザに生じた損害（ （…中略…） ）を賠償する．ただし，著作権の侵害がユーザの責に帰する場合はこの限りではなく，ベンダは責任を負わないものとする．

2 ベンダはユーザに対して，本件成果物等の使用等が第三者の知的財産権（ただし，著作権を除く）を侵害しない旨の保証を行わない．

3 （以下略）

上記では，複数の選択肢が提示されていることからわかるように，置かれた状況によってとるべき選択は変わってきます．したがって，ここでは規定の内容ではなく，その裏側にある考え方をみていきましょう．

まず，第三者の権利（仮に特許権としましょう）の侵害時によくあるシーンを考えます．第三者が自分の権利が侵害された（かもしれない）ことに気がつくのは，ユーザが開発の成果を実際に稼働させた後です．第三者は，侵害の有無を調査し，ユーザに侵害の可能性を警告し，訴訟を起こすなどします．

その結果，第三者の権利を侵害していたと裁判で認められれば，ユーザが第三者の損害を賠償することになります．

モデル契約21条が問題となるのはその後です．〔A−1案〕のように，ベンダが第三者の権利を侵害しないことを保証していた場合には，ユーザは，第三者の損害を賠償しなければならなかったことの責任を，ベンダに追及することができます．他方，そのような保証をベンダが行わない〔B案〕のような場合には，第三者の権利を侵害することにともなうリスクは，最終的にユーザが負担することになります．

ユーザの立場からすれば，そもそも開発を担うのはベンダであり，自分たちの成果が第三者の権利を侵害しないようにする責任は当然ベンダが負うべきではないか，という疑問もあるかもしれません．この考え方は，第三者の権利が著作権である場合,確かにあてはまります．著作権（複製権）の侵害が認められるのは，第三者の著作物に依拠した場合（意図的にまねした場合）です．それを避けるには，ベンダはいくらか注意を払えばよいからです．したがって，第三者の権利を侵害しないことを基本的に保証しない〔B案〕でも，著作権に限って別の扱いをしています．

一方，そのほか特に問題となるのは特許権との関係ですが，第三者の特許権を侵害しないように開発を行うことは，実はそれほど容易ではありません．特許権の侵害を避けようとすると，日本の国内外にどのような特許権が存在し，そのうちのどれが開発の成果と関連するのかを調査しなければなりません．そして精度の高い調査を行うには，相当の手間と費用，それに調査のノウハウが必要です．

ベンダがそのような調査を行う場合，当然のことながら，そのためのコストは開発費用に上乗せされることになります．ただ，ベンダが中小企業で十分な調査を行う力がない場合に，第三者の特許権を侵害しないようベンダに約束させたとしても，開発を阻害したり遅らせたりする効果は見込まれる一方で，その約束がきちんと果たされるかは疑問です．そのような約束は，ただの絵に描いた餅に過ぎません．

大事なことは，**第三者の権利の侵害というリスクを「誰が負担するか」ではなく，それによって「何が起こるか」です**．日々新しい発明が生まれる先端技術の開発の世界では，慎重に特許権の調査を重ねるよりも，開発の速度を落とさないことが望ましい場合もあります．第三者の権利の侵害というリスクをユーザが負担することでそのような結果を期待できるのであれば，そのことがユーザにとって合理的な選択となる場合もあるのです．

第3章

AI・データと特許

AI やデータ解析の分野において取り扱われる発明は，そのほとんどがいわゆるソフトウェア関連発明に該当します．

本章では，この「ソフトウェア関連発明」について，具体的な事例を参照しながら詳細に説明します．まずは，ソフトウェア関連発明の具体的な事例に触れながらソフトウェアに関連する分野における特許発明とは，どのようなものなのか具体的なイメージをもっていただけるように解説します．

SECTION
3.1 ソフトウェア関連発明とは

本条先輩，「ソフトウェア関連発明」って，何ですか？

すごい，田野丸からそんな専門的な言葉が出てくるなんて！よし，よし.

白桃にとっては，私は猫で，田野丸くんはまるで犬か，まったく…….
よし，今度はソフトウェア関連発明について，詳しく解説しよう.

ソフトウェア関連発明とは，簡単にいうとコンピュータを利用した発明のことです．具体的には，後ほどみていきますが，たとえば，所定の機能を有したコンピュータ（情報処理装置）やプログラム，情報処理方法などがこれに該当します.

AI やデータ解析の分野（以下，「AI 分野」と呼ぶ）において創出される発明のほとんどは，このソフトウェアウェア関連発明に分類されることになります.

このソフトウェア関連発明は，近年新たに発明として認められるようになってきたものです．従来は「そもそも自然法則を利用しているといえるのか」というような議論もありましたが，いまでは非常に多くのソフトウェア関連発明に対して特許権が付与されています.

しかしながら，詳細は後ほど詳しく説明しますが，ソフトウェアのどのような技術的思想（アイデア）をソフトウェア関連発明として認めるのかという，**発明該当性**の基準については今後まだまだ変化する可能性がありますし，国によって基準も異なります.

このような事情からソフトウェア分野では，機械分野や化学分野のような従来からあたりまえに特許権の取得が認められていた分野とは異なる問題が多数存在します．もちろん，このような事情や審査の基準を理解するのは，弁理士（知財担当者）や特許庁の審査官という法律の専門家の仕事です．エンジニアの立場で，それほど深く立ち入る必要はありません.

しかし，エンジニア側でも，このようなソフトウェア分野における特殊性を，ある程度理解していれば弁理士とのコミュニケーションを図りやすくなるでしょうし，それ以外にもいろいろと応用範囲が広がるのはまちがいありません．さらにいえば，これからの時代のエンジニアは，エンジニアリングのことだけを追求していれば，優れたものづくりやサービスの実現ができて，ひいては社会の発展に貢献できるという発想では，今後のものづくりやサービスの世界で活躍することはいままで以上に難しくなることでしょう．

特にAI分野は非常に新しい分野ですから，弁理士の技術知識が追い付いていない場合も少なくありません．そのような意味でも，AI分野はエンジニアと弁理士（さらにいえば事業担当者）とが足りない知識を補い合いながら知財戦略を構築する必要がある，最も典型的な技術分野といえるかもしれません．

COLUMN

ソフトウェア関連発明の典型の１つが「所定の機能を有したプログラム」であることです．そして，プログラムは著作権法により保護することも可能です．しかしながら，著作権法により保護されるのは，基本的には**デッドコピー**（そっくりそのままのコピー）に近いような模倣のみが対象となります．また，SECTION 1.14（50ページ）でも述べたとおり，著作権法は依拠性を要求しますので，模倣者による「知らなかった」という反論が認められる余地があります．

著作権法上の保護によれば特許出願等の費用がかからないという点では魅力的ですが，特許権を取得することができれば，より汎用的な権利として発明を保護することができる可能性が高いといえます．

しかし，実は，そもそもソフトウェアに対して特許権を付与することが妥当なのか否かについては，現在でも議論のあるところです．一方で，近年のビジネスにおいてはソフトウェア関連の技術やデザインに対する投資が増大していますので，これを各企業や個人が保護したいと思うことはきわめて自然なものです．

そして現在，日本をはじめとした各国の特許実務において，一定の条件を満たしたソフトウェアに特許が認められることは明確になっています．

重要なことは，万全とはいえない現状の制度を認識し，対策を立てることです．これは，自らの成果をアピールしていく攻めにも，また望まない特許論争に巻き込まれないようにする守りにも，非常に重要です．

SECTION 3.2 ソフトウェア関連発明に関する審査ハンドブック

なるほど！まだ，いろいろな問題点はあるけど，ソフトウェアに特許権が認められることもあるということですね．覚えておこう．

でも，やっぱり，ソフトウェアと特許制度って，相性がよくないような気がしますよね～．田野丸には私のいっている意味はよくわからないだろうけど，「認められる」というのがわかりにくいですよね．
具体的に，どんなものが発明として認められるのか．

そうだね～．だから，特許庁では審査基準というものを公表しているのよ．

特許出願をする側としては，特許として認められるかどうか，まるっきり出してみないとわからないというのでは困りますし，万一認められなかった際にはその理由が知りたいところでしょう．また，審査する側としても，審査にかかわる関係者の間で基準を明文化しておくほうが何かと都合がよいでしょう．

こういった法律にもとづいた審査にかかわる，いわばガイドラインが**審査基準**です．そして，特許庁は，特許法をはじめとする各種法律についての審査基準（考え方や指針）をまとめ，それを公表しています．

なかでも，**ソフトウェア関連発明に関する審査ハンドブック**（「特許・実用新案ハンドブック 附属書 B　第 1 章 コンピュータソフトウェア関連発明」）には，ソフトウェアに関連する発明についての審査の考え方が示されており，AI 分野においてきわめて重要です※1．

SECTION 1.2（4 ページ）でも述べたように特許法により規定された発明には，

※1　厳密にいえば，ハンドブックは審査基準と異なりますが，いずれも特許庁の考え方を示している点では共通しています．そのため，本書でもハンドブックと審査基準を明確には区別せず説明を行っている箇所があります．

⑴ 物の発明
⑵ 方法の発明
⑶ 物を生産する方法の発明

の３つの類型が存在します（特許法２条３項）．そして，現行の特許法２条３項１号では，物の発明に「プログラム等」が含まれる旨が規定されています．そのため，ソフトウェア関連発明は，多くの場合⑴，⑵のいずれかの類型に該当することになります．しかし，これだけではソフトウェア関連発明のイメージにはかなり遠いのではないかと思います．まず，前述のハンドブックでは，ソフトウェア関連発明を，「方法の発明」または「物の発明」として，下記のように，請求項に記載することができる旨を規定しています．

＜方法の発明＞

（ｉ）ソフトウエア発明を，時系列につながった一連の処理又は操作，すなわち「手順」として表現できるときに，その「手順」を特定することにより，「方法の発明」（「物を生産する方法の発明」を含む．）として請求項に記載することができる．

＜物の発明＞

（ii）ソフトウエア関連発明を，その発明が果たす複数の機能によって表現できるときに，それらの機能により特定された「物の発明」として請求項に記載することができる．

（iii）コンピュータが果たす複数の機能を特定する「プログラム」を，「物の発明」として請求項に記載することができる．

（iv）データの有する構造によりコンピュータが行う情報処理が規定される「構造を有するデータ」又は「データ構造」を，「物の発明」として請求項に記載することができる．

（ｖ）上記（iii）の「プログラム」又は上記（iv）の「構造を有するデータ」を記録したコンピュータ読み取り可能な記録媒体を，「物の発明」として請求項に記載することができる．

次ページで，最も典型的な（ii）の事例について，説明します．

＜物の発明＞

（ii）ソフトウエア関連発明を，その発明が果たす複数の機能によって表現できるときに，それらの機能により特定された「物の発明」として請求項に記載することができる．

「機能」という表現が若干わかりにくいかもしれません．しかし，ここでいう機能とは，それほど難しいことではありません．たとえば，

⑴ 学習用のトレーニングデータを取得する機能
⑵ 取得したトレーニングデータに対して所定の演算処理（学習）を実行する機能
⑶ 演算処理の結果（学習結果）を所定の方式により出力する機能

のように考えてみればわかりやすいかもしれません．このような機能を有する発明を請求項に記載するとすれば，以下のような形になるでしょうか．

＜請求項（サンプル）＞

学習用のトレーニングデータを取得する機能と，
取得したトレーニングデータに対して所定の演算処理を実行する機能と，
演算処理の結果を所定の方式により出力する機能と
を備える情報処理装置．

情報処理装置という表現は，コンピュータ等を幅広く含む表現として，実務上，比較的多く利用されます．

なお，これは，学習に用いる学習用サーバのようなものを想定して記載した例です．もちろん，後述する各種の他の要件との関係もあるため，この内容で特許権を取得することができるかどうかはともかく，少なくとも審査基準を満たす記載であるということはできるでしょう．

COLUMN

審査基準やハンドブックは，あくまでも行政庁の考え方や指針を示すものであり，特許権の侵害訴訟などの場では，異なる判断がなされる場合もあります．

さて，このように**特定された発明が特許を受けるためには，通常の発明と同様に上述の特許要件を満たしている必要があります**．そのうえで，ソフトウェア関連発明は，

⑴ 特許法29条第1項柱書：特許法上の発明に該当するか否か（以下，「発明該当性」と呼ぶ）の要件
⑵ 特許法29条第2項：進歩性の要件

について，独自の問題点（論点）が存在します．

それが，対象とする発明が特許法上の発明に該当するか否かという，**発明該当性**に係る問題点です．特許法29条1項には，以下のように規定されています．

特許法29条1項 **産業上利用することができる発明（筆者注：※2）をした者は，次に掲げる発明を除き，その発明について特許を受けることができる．**
（以下略）

この**特許法29条1項に該当することを，発明該当性があるといいます**．そして，発明該当性の判断においては，対象となる発明が特許法上の**発明**，つまり自然法則を利用した技術的思想のうち高度なものに該当するかどうかが判断されることになります．しかし，発明該当性について，ソフトウェア関連発明の場合は

⑴ どのようなソフトウェアであれば自然法則を利用しているといえるのか
⑵ そもそも発明の対象は何なのか

というような，さまざまな疑問が生じてしまうのです．さらに，こういった基準があいまいにならざるえないケースもあるため，たびたび問題となります．実際，ソフトウェア分野を得意としている弁理士でさえ迷うこともあります．

次のSECTIONで，続いてソフトウェア関連発明に特有の考え方をもう少しみていくことにしましょう．

※2 特許法上の**発明**とは，「自然法則を利用した技術的思想の創作のうち高度なもの（特許法2条1項）」のことです．

SECTION 3.3 発明該当性について

ソフトウェアにおける読字の論点ですか？

「独自」ね．はい，はい，そうやって必要以上に訝らない！

具体的にいえば，発明該当性が問題になりますよね～．

発明が，移動性？

発明該当性です！つまり，対象とする発明が特許法上の発明に該当するか否かということね．それじゃあ日本における発明該当性の判断基準をみていこうか．

前の SECTION の最後で述べたとおり，ソフトウェアの特許，ソフトウェア関連発明については審査における独自の問題点（論点）が存在します．

これについて，ソフトウェア関連発明に関する審査ハンドブックには，ソフトウェア関連発明であるか否かにかかわらず，「自然法則を利用した技術的思想の創作」と認められるものは，ソフトウェアという観点から検討されるまでもなく，「発明」に該当する旨が記載されています．

つまり，日本の特許庁のソフトウェア関連発明における発明該当性の基本的な考え方は，まずは原則どおり，審査の対象となる技術が「自然法則を利用した技術的思想の創作」に該当するかどうかを検討するということです．

そのうえで，たとえば，

附属書B 第1章（p.11）

（i）機器等（例:炊飯器，洗濯機，エンジン，ハードディスク装置，化学反応装置，核酸増幅装置）に対する制御又は制御に伴う処理を具体的に行うもの

（ii）対象の物理的性質,化学的性質,生物学的性質,電気的性質等の技術的性質（例:

エンジン回転数，圧延温度，生体の遺伝子配列と形質発現との関係，物質同士の物理的又は化学的な結合関係）に基づく情報処理を具体的に行うもの

が発明として認められる具体的な事例としてあげられています．

そしてさらに，上述の（ i ）および（ ii ）に該当する具体的な事例として，

附属書 B 第 1 章（p.12）

(i–1)：制御対象の機器等や制御対象に関連する他の機器等の構造，構成要素，組成，作用，機能，性質，特性，動作等に基づいて，前記制御対象の機器等を制御するもの

(i–2)：機器等の使用目的に応じた動作を具現化させるように機器等を制御するもの

(i–3)：関連する複数の機器等から構成される全体システムを統合的に制御するもの

(…中略…)

対象の技術的性質を表す数値，画像等の情報に対してその技術的性質に基づく演算又は処理を施して目的とする数値，画像等の情報を得るもの

(ii–2)：対象の状態とこれに対応する現象との技術的な相関関係を利用することで情報処理を行うもの

が発明として認められる具体的な事例としてあげられています．これだけブレークダウンされれば，特許庁の考え方が何となくみえてくると思います．

一方，上述の手順にしたがっていくと，「自然法則を利用した技術的思想の創作」にあてはまらない技術は，すべて特許法上の「発明」に該当しないことになってしまうのでしょうか．すると，ソフトウェア関連の発明の中には，あてはまらないものがかなりありそうです．しかし，それでは，ICT 技術の保護には不十分か

COLUMN

特許庁が示す類型はいずれも，物（たとえば機器等）との結びつきがきわめて強いと考えられる技術といえます．

日本の特許法は，主として，物を保護対象とする規定ですから，当然といえば当然の帰結ですね．今後，ソフトウェアの重要性がさらに高まる中，特許庁がどのように考えるのか注目していきましょう．

もしれません.

そこで，日本の特許庁では，上述の手順にしたがって自然法則を利用した技術的思想の創作と**認められなかった場合であっても，ソフトウェア特有の観点にもとづいて自然法則を利用した技術的思想の創作と認められれば，特許法上の「発明」に該当する**としています．そして，ソフトウェア関連発明が「自然法則を利用した技術的思想の創作」となる基本的な考え方として以下が示されています.

附属書B 第1章（p.18など）

（i）ソフトウエア関連発明のうちソフトウエアについては,「ソフトウエアによる情報処理が，ハードウエア資源を用いて具体的に実現されている」場合は，当該ソフトウェアは「自然法則を利用した技術的思想の創作」である.
「ソフトウエアによる情報処理がハードウエア資源を用いて具体的に実現されている」とは，ソフトウエアとハードウエア資源とが協働することによって，使用目的に応じた特有の情報処理装置又はその動作方法が構築されることをいう.

（ii）ソフトウエア関連発明のうち，ソフトウエアと協働して動作する情報処理装置及びその動作方法並びにソフトウエアを記録したコンピュータ読み取り可能な記録媒体について，当該ソフトウェアが上記 (i) を満たす場合,「自然法則を利用した技術的思想の創作」である.

そして，審査官は，このような基本的な考え方にもとづいて，

附属書B 第1章（p.19）……請求項に係る発明が，ソフトウエアとハードウエア資源とが協働した具体的手段又は具体的手順によって，使用目的に応じた特有の情報の演算又は加工が実現されているものであるか否か（以下略）

を判断するとしています.

その結果，たとえば，

附属書B 第1章（p.20～21）例4：複数の文書からなる文書群のうち，特定の一の対象文書の要約を作成するコンピュータであって，前記対象文書を解析することで，当該文書を構成する一以上の文を抽出するとともに，各文に含まれる一以上の単語を抽出し，前記抽出された各単語について，前記対象文書中に出現する頻度（TF）及び前記文書群に含まれる全文書中に出現する頻度の逆数（IDF）に基づくTF–IDF値を算出し，各文に含まれる複数の単語の前記TF–IDF値の合計を各文の文重要度として算出し，前記対象文書から，前記文重要度の高い順に文を所定数選択し，選択した文を配して要約

を作成するコンピュータ.

このような請求項に係る発明については,

附属書B 第1章（p.21） （説明）請求項には，入力された文書データの要約を作成するための,特有の情報の演算又は加工が具体的に記載されている．また,請求項にはハードウエア資源として「コンピュータ」のみが記載されているが,「コンピュータ」が通常有するCPU，メモリ，記憶手段，入出力手段等のハードウエア資源とソフトウエアとが協働した具体的手段又は具体的手順によって，使用目的に応じた特有の情報の演算又は加工が実現されることは，出願時の技術常識を参酌すれば当業者にとって明らかである．したがって，ソフトウエアとハードウエア資源とが協働した具体的手段又は具体的手順によって，要約作成という使用目的に応じた特有の情報の演算又は加工が実現されていると判断できる．その結果，請求項に係るコンピュータは，ソフトウエアがハードウエア資源と協働することによって，使用目的に応じた特有の情報処理装置を構築するものといえる．よって，請求項に係るソフトウエア関連発明は，ソフトウエアによる情報処理がハードウエア資源を用いて具体的に実現されているので,「自然法則を利用した技術的思想の創作」であり,「発明」に該当する.

と示されています.

ソフトウェア関連発明の発明該当性の判断は，実際，判断が難しい場合が多いです.
わからない場合には，無理せずに詳しい人に相談しましょう.

SECTION 3.4 進歩性について

ソフトウェアの発明該当性について，田野丸くんよくわかった？

うーん，何となくイメージはもてたかなぁ…….ただ，発明として認められたからといって特許権として認められるとは限らないんですよね？

そのとおりだよ．じゃあ次は「進歩性」という基準を解説するよ．

前の SECTION で発明該当性について解説しましたが，すでに述べたとおり，特許権を取得するためには，対象となる技術が「発明」に該当したうえで，（新規性はもちろん）**進歩性**を有する発明と認められる必要があります．

この「進歩性を有する発明」とは，SECTION 1.3 ②（8 ページ）で述べたとおり，特許法 29 条 2 項の発明に該当しない発明，すなわち，「容易に発明をすることができた」とはいえない発明を指します．

特許法 29 条 2 項　**特許出願前にその発明の属する技術の分野における通常の知識を有する者が前項各号に掲げる発明に基いて容易に発明をすることができたときは，その発明については，同項の規定にかかわらず，特許を受けることができない．**

進歩性を有するか否かの判断は，どのような技術分野に属する発明であっても必要になるのですが，ソフトウェアに関連する技術分野の場合には，それらに特有の留意点なども存在するため，より重要になります．

したがって，進歩性についても，ソフトウェア関連発明に関する審査ハンドブックで多くの基準が示されています．そのうち 2 つを以下に示します．

附属書 B 第 1 章（p.27，28）

⑶ソフトウエア関連発明の分野では，所定の目的を達成するためにある特定分野に利用されているコンピュータ技術の手順，手段等を組み合わせたり，コンピュータ技術の

手順，手段等を他の特定分野に適用したりすることは，普通に試みられていることである．したがって，種々の特定分野に利用されている技術を組み合わせたり，他の特定分野に適用したりすることは当業者の通常の創作活動の範囲内のものである．

例えば，ある特定分野に適用されるコンピュータ技術の手順，手段等を他の特定分野に単に適用するのみであり，他に技術的特徴がなく，この適用によって奏される有利な効果が出願時の技術水準から予測される範囲を超えた顕著なものでもないことは，進歩性が否定される方向に働く要素となる．

（…中略…）

⑸コンピュータによってシステム化することにより得られる，「速く処理できる」，「大量のデータを処理できる」「誤りを少なくできる」「均一な結果が得られる」などの一般的な効果は，システム化に伴う当然の効果であることが多い．これらの一般的な効果は，通常は，出願時の技術水準から予測できない効果とはいえない．（以下略）

このほかにもソフトウェア関連発明の進歩性の判断については，非常に多くの審査基準が存在するのですが，いずれにも共通するポイントを簡単にいうと，ICT の分野は**そもそもコンピュータによる処理を行う以上，処理速度の向上や演算の正確性等は当然に得られる効果であるという考え方**です．したがって，他分野で実装されている技術（方法）を**単に「組み合わせたり」「転用する」のみの発明であれば，進歩性が否定される可能性が高い**といえます．ある種，エンジニアであれば受け入れやすい考え方だと思います．

このような考え方を前提として，ソフトウェア関連発明に関する審査ハンドブックに記載された進歩性の判断の事例を 1 つみていきましょう．

COLUMN

ここで気をつけなければならないのは，単に「組み合わせたり」「転用する」のみであれば，進歩性が否定される可能性が高いといっているに過ぎないという点です．

つまり，上記の⑶の例にもあるとおり，**「奏される有利な効果が出願時の技術水準から予測される範囲を超えた顕著なもの」であれば，この限りではない**のです．

この**有利な効果**という基準（考え方）は，特にソフトウェア関連発明において非常に重要ですので，常に頭に入れておくとよいでしょう．

附属書B第1章（p132～141）

〔事例 3-4〕 木構造を有するエリア管理データ(進歩性を有するデータ構造に関するもの)

発明の名称：

木構造を有するエリア管理データ

特許請求の範囲

【請求項1】

上位から一層のルートノード，複数層の中間ノード，一層のリーフノードの順にて構成される木構造を有するエリア管理データであって，

前記リーフノードは，配信エリアの位置情報，及び，複数の方位角に関連付けられた複数の方位角別コンテンツデータを有し，

前記中間ノードのうち，直下に複数の前記リーフノードを備える中間ノードは，直下の複数の前記リーフノードへのポインタ，及び，当該直下の複数のリーフノードに対応する複数の前記配信エリアを最小の面積で包囲する最小包囲矩形の位置情報を有し，

前記中間ノードのうち，直下に複数の中間ノードを備える中間ノードは，直下の複数の前記中間ノードへのポインタ，及び，当該直下の複数の中間ノードが有する複数の前記最小包囲矩形を最小の面積で包囲する最小包囲矩形の位置情報を有し，

前記ルートノードは，直下の複数の前記中間ノードへのポインタを有し，

コンテンツ配信サーバに記憶されるとともに，

前記コンテンツ配信サーバが，

ルートノード又は中間ノードが有するポインタに従い，検索キーとして入力された現在位置情報を地理的に包含する配信エリアに対応するリーフノードを特定し，

前記特定されたリーフノードが有する前記複数の方位角のうち，検索キーとして入力された方位角情報に最も近い方位角に関連付けられたコンテンツデータを特定する処理に用いられる，木構造を有するエリア管理データ．

図面

【図1】

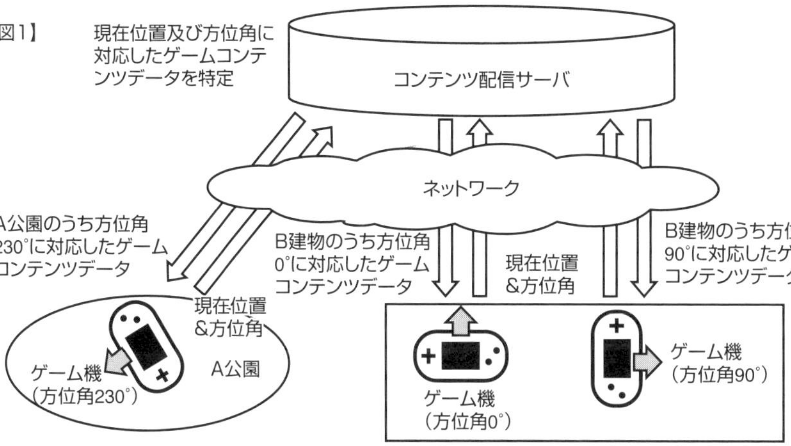

現在位置及び方位角に対応したゲームコンテンツデータを特定
コンテンツ配信サーバ
ネットワーク
A公園のうち方位角230°に対応したゲームコンテンツデータ
現在位置&方位角
ゲーム機（方位角230°）
A公園
B建物のうち方位角0°に対応したゲームコンテンツデータ
現在位置&方位角
B建物のうち方位角90°に対応したゲームコンテンツデータ
ゲーム機（方位角0°）
ゲーム機（方位角90°）

【図2】～【図4】（略）

【発明の詳細な説明】

【技術分野】

本発明は，ユーザへのコンテンツデータ配信技術のためのデータ構造に関する．

【背景技術】

地図上の特定の配信エリア内にて，特定のゲームアプリケーションを起動するゲーム機を有するユーザに対し，その配信エリアに対応付けられた，ゲームに関するコンテンツデータを当該ゲーム機に配信するサービスが行われている．このサービスにおいては，ユーザが移動中に特定の配信エリア内にいると判定された場合，自動的にゲーム機に当該配信エリアに対応付けられた一のコンテンツデータが配信される．また，ユーザは，所望するコンテンツデータを取得するために，そのコンテンツデータの配信を受けられる特定の配信エリアに物理的に移動することも想定される．さらに，このサービスのための膨大な数の配信エリアを木構造で管理することにより，ユーザの現在位置情報を地理的に包含する配信エリアを特定する処理が，木構造の段数分の比較処理のみで済むよう設計することも知られている．

【発明が解決しようとする課題】

このようなゲームアプリケーションにおいて更にゲーム性を高めるためには，同一の配信エリア内にいても，ユーザが向いている方角に応じて異なるコンテンツデータが配信されるようにすることが考えられる．

【課題を解決するための手段】

本願は，一の配信エリアに対して，複数の方位角別コンテンツデータを関連付けて保持しておくことを特徴とする．ユーザのゲーム機からは，現在位置情報に加えて，そのゲーム機が地理的に向いている方角を示す方位角情報をも検索キーとして取得する．これにより，ユーザ（ゲーム機）が特定の配信エリア内にいると判定された際には，そのゲーム機の方位角情報に基づいたコンテンツデータが配信される．

【発明の実施の形態】

（…中略…）

以上のように，ゲーム機の方位角情報に基づいたコンテンツデータを配信することにより，同一のエリアにいても，ユーザの向いている方角によって異なるコンテンツデータを配信することが可能となり，ゲーム性を高めることができる．

［技術水準（引用発明，周知技術等）］

引用発明１（引用文献１に記載された発明）：

上位から一層のルートノード，複数層の中間ノード，一層のリーフノードの順にて構成される木構造を有するエリア管理データであって，（…中略…）木構造を有するエリア管理データ．

（課題）

検索キーとして入力されたユーザの現在位置情報を地理的に包含する配信エリアを高速に特定することにより，前記現在位置情報に対応する唯一のコンテンツデータを高速に特定すること．

引用発明２（引用文献２に記載された発明）：

（…中略…）

（課題）

地理的領域についての地図上での表示に際し，当該地理的領域に関する方位角毎の日当たり情報を表示すること．

（…中略…）

［結論］

請求項１に係る発明は，進歩性を有する．

［説明］

（動機付けについて考慮した事情）

⑴　技術分野の関連性

引用発明１と引用発明２は，いずれも地理的な領域（エリア）についての情報を管理する技術に関するものである点で，技術分野は共通する．

⑵　課題の共通性

引用発明１は，検索キーとして入力されたユーザの現在位置情報を地理的に包含する配信エリアを高速に特定することにより，前記現在位置情報に対応する唯一のコンテンツデータを高速に特定することを課題とするのに対し，引用発明２は，地理的領域についての地図上での表示に際し，当該地理的領域に関する方位角毎の特定の情報を表示することを課題とするから，両者の課題は共通していない．

⑶　作用，機能の共通性

引用発明１は，木構造を有するデータであって，ルートノード及び中間ノードが有するポインタに従った情報処理により，検索キーとして入力された現在位 置情報を地理的に包含する配信エリアを高速に特定することにより，前記現在位置情報に対応する唯一のコンテンツデータを高速に特定する処理に用いられるものであるのに対し，引用発明２は，地理的領域の方位角毎に特定の複数の情報が関連付けられたデータであって，地理的領域に方位角毎の複数の情報を関連付けて表示する処理に用いられるものであり，入力された検索キーに基づいて情報を特定する処理に用いられるものではないから，作用，機能は共通していない．

（拒絶理由がないことの説明）

請求項１に係る発明と引用発明１とを対比すると，両者は以下の点で相違する．

（相違点）

請求項１に係る発明におけるエリア管理データのリーフノードは，矩形の配信エリアの位置情報及び複数の方位角に関連付けられた複数の方位角別コンテンツデータを有し，検索キーとして入力された現在位置情報を地理的に包含する配信エリアに対応するリーフノードを特定し，検索キーとして入力された方位角情報に最も近い方位角に関連付けられたコンテンツデータを特定する処理に用いられるのに対し，引用発明１におけるエリア管理データのリーフノードは，矩形の配信エリアの位置情報及び一のコンテンツデータを有し，検索キーとして入力された現在位置情報を地理的に包含する配信エリアに対応するリーフノードに関連付けられたコンテンツデータを特定する処理に用いられるのみであって，方位角別コンテンツデータは有さず，検索キーとして入力された方位角情報に最も近い方位角に関連付けられたコンテンツデータを特定する処理に用いられるものでもない点．

上記相違点について検討する．

上記（動機付けについて考慮した事情）の（1）から（3）までの事情を総合考慮すると，引用発明１に引用発明２を適用する動機付けがあるとはいえない．

さらに，請求項１に係る発明において，エリア管理データのリーフノードが，複数の方位角に関連付けられた複数の方位角別コンテンツデータを有することにより，ユーザが同一のエリア内にいても，ユーザの向いている方角によって異なるコンテンツデータを配信することが可能となるという効果は，引用発明１及び２からは予測ができない有利なものである．

以上の事情を総合的に踏まえると，引用発明１及び２に基づいて，当業者が請求項１に係る発明に容易に想到し得たということはできない．

これらの仮想の事例においては，請求項１にかかる発明は，**動機付け**という観点と，**有利な効果**という観点から進歩性を有すると結論が導かれています．

この動機付けという観点では，上の例でも触れているように，

- それぞれの発明の技術分野（技術的なバックグラウンド）に関連性があるかどうか．
- それぞれの発明の課題が共通するかどうか．
- それぞれの発明の作用・機能（発明の効果）が共通するかどうか．
- 先行技術で，その発明への示唆が存在するかどうか

などが総合的に評価されます．

これに対して，有利な効果という観点は審査官に「参酌される」に留まるのですが，動機付けが比較的に抽象的であるのに対して，有利な効果はきわめて具体的です．そのため，特にソフトウェアの分野では，この**有利な効果が問題となることがきわめて多い**のです．つまり，**特許出願（明細書の作成）時点において，有利な効果を明確，かつ幅広く記載をすることができるかどうかで特許権を取得できる可能性が変わる**と考えることができるのです．

いいかえれば，エンジニアの皆さんと知財担当者とが力を合わせて，特許出願の際に従来技術に対する強み（有利な効果）を幅広く捉えて，それを言語化することができれば，特許権を取得できる可能性が高まると考えることができるのです．日ごろ知財をあまり意識しないエンジニアの方であっても，審査基準などの詳細な内容は忘れてしまった場合であっても，有利な効果の重要性と具体的なイメージだけでも覚えておくと，いざという時に役立つこともあるかもしれません．

それでは，実際の訴訟で問題となったような具体的な事例をみながら，ソフトウェア関連発明のイメージを膨らませていきましょう．

SECTION 3.5 さまざまな事例

本条さんの懇切なレクチャーでいろいろと深いところまで理解することができました．よくわからないのはみんな同じだから，チームとして一丸となって取り組んでいく必要があるということですね．

わかってくれたか，田野丸！レクチャーのしがいがあったよ．

でもやっぱり，具体的な事例がないとイメージがしにくいよね～．

わかってます．それじゃあ具体的な事例を紹介するよ！

① 演算のロジックに関する発明の事例

さて，ここまで，ソフトウェアの発明該当性に関する基準や進歩性に関する基準について紹介してきましたが，どのような印象をもったでしょうか．やはり，よくわからないというのが正直なところかもしれません．

実は，知財にある程度慣れている人間（弁理士，弁護士，審査官）であっても，上述のような基準を軸にある程度の検討は可能であるものの，厳密な意味で明確に答えることができる人は，本来的に存在しません．なぜなら，多種多様な先行技術のそれぞれを進歩性の判断の基準に用いるべきか否かを判断することはきわめて困難ですし，上述の例のように，明細書の記載のしかたによっても結論が異なる可能性もあるためです．つまり，そもそも特許性の判断自体が非常に流動的なものなのです．さらに，このような側面は他の技術分野においても生じる問題ではありますが，技術革新のスピードが速い AI 分野では特に顕著といえます．

そして，そうであるからこそ，AI 分野ではエンジニアや知財担当者，さらには事業部などを含めて知恵を出し合い，よりよい特許出願（特許権の取得）を行うために力を合わせることがきわめて重要になるのです．

次は，株式会社マネーフォワード社（以下，「マネーフォワード」）とフリー株式会社（以下「フリー」）の訴訟（東京地裁，平成 28（ワ）35763 号）で問題となったフリーの特許（特許第 5503795 号）に関する事例です．

＜請求項 1 ＞

A：クラウドコンピューティングによる会計処理を行うための会計処理装置であって，ユーザにクラウドコンピューティングを提供するウェブサーバを備え，

B：前記ウェブサーバは，ウェブ明細データを取引ごとに識別し，

C：キーワードと勘定科目との対応づけを保証する対応テーブルを参照して，特定の勘定科目に自動的に仕訳し，

D：日付，取引内容，金額及び勘定科目を少なくとも含む仕訳データを作成し，作成された前記仕訳データは，ユーザが前記ウェブサーバにアクセスするコンピュータに送信され，前記コンピュータのウェブブラウザに，仕訳処理画面として表示され，前記仕訳処理画面は，勘定科目を変更するためのメニューを有し，

E：前記対応テーブルを参照した自動仕訳は，前記各取引の取引内容の記載に対して，複数のキーワードが含まれる場合にキーワードの優先ルールを適用し，優先順位の最も高いキーワードにより，前記対応テーブルの参照を行う，

F：ことを特徴とする会計処理装置.

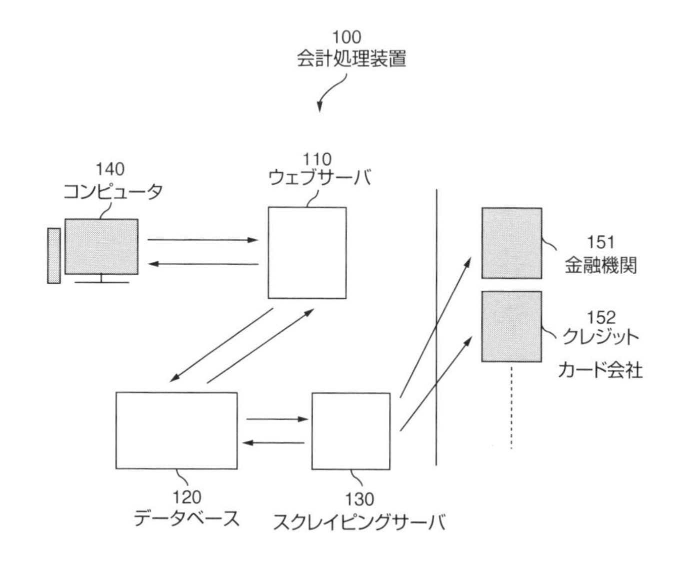

この特許は，簡単にいうと，入力された取引内容に対して，適切な勘定科目を出力する会計処理装置です．すべての構成要件に言及するとかなり複雑になってしまうので，ポイントのみ説明します．ポイントとなるのは，E の構成要件です．取引内容に複数のキーワードが含まれていた場合に，キーワードの優先ルールを適用し，優先順位の最も高いキーワードにより，C の構成要件でいうところの自動仕訳が行われるという点です．

つまり，この特許は自動仕訳において，取引内容（インプットのデータ）に複数のキーワードが含まれていた場合に，キーワードの優先ルールという所定のルールを適用して，優先順位の最も高いキーワードを用いて演算するという演算の過程に着目した特許といえます．

このようなコンピュータの内部で行われる演算の過程に着目した特許は，ソフトウェア特許の最も典型的な事例の１つです．一般に，このような特許を**アルゴリズム特許**と呼ぶことがあります．

すなわち，所定の演算過程を経ることで，「より適切な結果が出力される」「より早く結果が出力される」といったコンピュータのアルゴリズムの特有の効果が説明できれば，アルゴリズム特許として十分に認められる余地があります．

一方，アルゴリズム特許には，いくつか利用しづらい点が指摘されています．そのうち最も大きな点は，特許権の侵害を発見しにくい点です．つまり，他者が似たような製品（ソフトウェア）をリリースしている場合でも，特許のポイントとなっているアルゴリズムはコンピュータ内部の演算処理に組み込まれているため，外部から観察できない（さらには，ソースコードの解析も実質的に困難である）ため，訴訟に踏み切るという判断が非常に難しいのです．

しかしながら，前述のとおり，**重要なことは特許権を取得する目的**です．仮に，他者が無断でまねすることを防ぐことができなかったとしても，たとえば，ライセンス交渉に利用する場合や，会社やエンジニア個人の技術力を示す意味合いで特許を取得する場合など，目的によっては特許権を有効に活用できる場合も多々あります．

一方で，**実際に訴訟を想定するような場合には，アルゴリズム特許だけでなく，より訴訟でも利用しやすい別の特許権を取得することが有効な場合もある**のです．

COLUMN

技術提供や共同研究を行う場合，対象とする技術の内容が定まらず，交渉が進まないことが少なくありません．

このような場合に，特許出願を行っていれば，「特許〇〇号に記載の技術」というふうに対象を明確にしやすいという利点があります．

② GUI 関連の発明の事例 その1（一太郎事件）

以上のとおり，**アルゴリズム特許には侵害の証拠をつかむことが難しいという問題があります．** したがって，もし相手があらゆる交渉に応じず，訴訟を起こして特許権侵害を強制的にやめさせるしかほかに道がない事態が生じると予測される際には，別の特許権も押さえておくことが必要かもしれません．

では，どのような特許権であれば訴訟でも利用しやすいといえるでしょうか．ひと言でいえば，アルゴリズム特許とは別の特徴をもった特許，すなわち外部からでも侵害の特定が容易な（見た目にわかりやすい）特許です．

このような特徴をもつものとして，近年，着目されている GUI（グラフィカルユーザインタフェース）に着目した特許（以下 **GUI 特許**と呼びます）の事例を紹介します．GUI は，インターネット等で公開されることも多いため，GUI 特許に対する特許権侵害行為は比較的発見しやすいと考えられています．

下記に示すのは，一太郎事件（知財高裁，平成 17（ネ）10040 号）で問題となった松下電器産業株式会社の特許（情報処理装置及び情報処理方法：特許第 2803236 号）です．GUI 特許の一例としてご紹介します．

＜請求項１＞

(A) アイコンの機能説明を表示させる機能を実行させる第１のアイコン，および所定の情報処理機能を実行させるための第２のアイコンを表示画面に表示させる表示手段と，

(B) 前記表示手段の表示画面上に表示されたアイコンを指定する指定手段と，

(C) 前記指定手段による，第１のアイコンの指定に引き続く第２のアイコンの指定に応じて，前記表示手段の表示画面上に前記第２のアイコンの機能説明を表示させる制御手段とを有することを特徴とする情報処理装置．

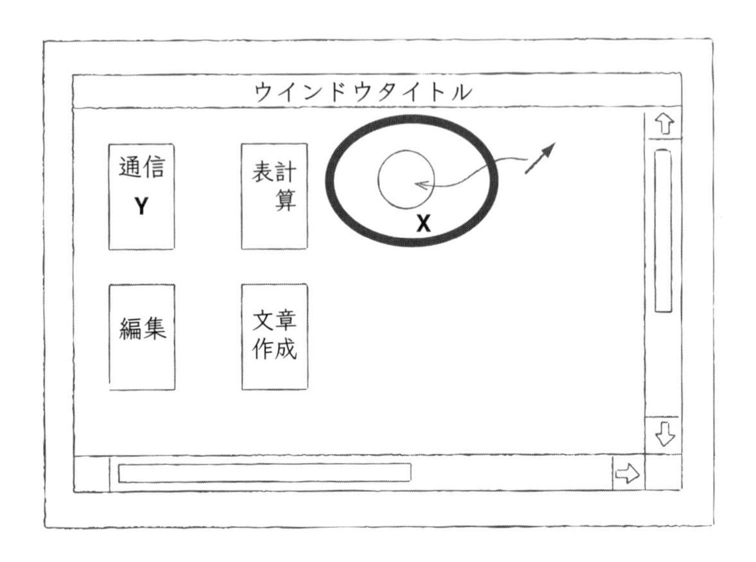
ウインドウタイトル
通信
Y
表計算
X
編集
文章作成

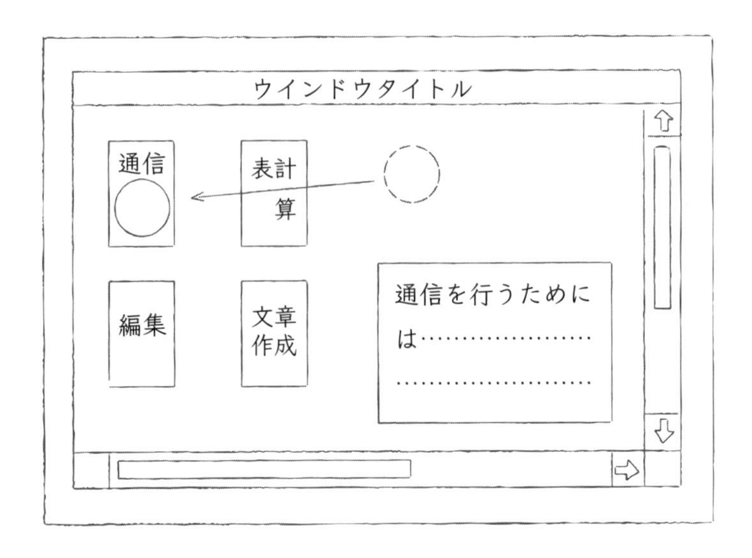
ウインドウタイトル
通信
表計算
編集
文章作成
通信を行うためには……………………
……………………

実際に明細書の中を読んでみると（本書では割愛しています），前ページの上図のアイコン（丸を付けてアイコンXとしてあるもの）をドラッグアンドドロップで左側に示すアイコン（アイコンYとしてあるもの）上に移動させることで，アイコンYの機能説明を表示するという内容の発明についての例が記載されていました．

そのうえで，特許請求の範囲をもう一度みてみると，ここでいうアイコンXは請求項1でいっている第1のアイコンに対応しており，アイコンYは請求項1でいっている第2のアイコンに対応しているのだろうという推測が立ってきます．

COLUMN

ここで「対応している」といったのは，アイコンXと第1のアイコンは必ずしもイコールの関係性ではないからです．

後の説明でも触れますが，特許の権利範囲は原則として，特許請求の範囲に記載された内容により決まります（特許法70条）．そのため，特許請求の範囲の記載は，できる限り抽象化，一般化して記載するほうが有利です．

これに対して，明細書の記載は，特許権を取得する自分自身はもちろん，「当業者が発明の実施をすることができる」程度に明確かつ詳細に記載することが求められます（そうでなければ特許権の取得は認められません）．

つまり，特許権侵害ぎりぎりを狙ってくる同業他社がいることを想定すると，特許請求の範囲でできるだけ幅広い権利を求めるために抽象的な記載をしながら，一方で，明細書は当業者がある程度実施できるように詳細かつ明確な表現で記載することが求められます．また，明細書に記載するということは，出願公開により公開されるため，手の内をさらすことにもなってしまいます．

このようなジレンマがあるため，一般的に明細書に記載された内容をそのまま特許請求の範囲に記載せず，また，明細書の記載内容も必ずしも自社の製品等の仕様とは異なる場合もあるのです．

さて，上述のとおり，特許権の権利範囲は，特許請求の範囲の記載によって決まりますので，本訴訟においても，一太郎に搭載された「ヘルプモードボタン」や「印刷ボタン」等が，松下電器産業の特許第2803236号にある「第1のアイコン」および「第2のアイコン」に該当するのかが争点の1つとなりました．この訴訟においては，最終的に被告側による無効の抗弁の成立が認められて，最終的には特許権侵害が否定されましたが，訴訟の流れによっては原告側の勝訴もありえたかもしれません．

なぜなら，松下電器産業の特許発明は，軽微な機能的な限定を加えた情報処理装置（サーバ）という位置づけではあるものの，ユーザの GUI 上での操作を見据えて，実質的には GUI 上の特徴を保護しうる強力な特許となった可能性があるからです．

実際に，特許請求の範囲を規定する請求項 1 の記載をみてください．第 1 のアイコンおよび第 2 のアイコンの存在を特定して，その第 1 のアイコンおよび第2のアイコンの関係性について軽微な限定が与えられているのみです．これは，図で示したインタフェースだけでなく，さまざまなインタフェースがこの特許の範囲に含まれるような内容と解釈することが可能です．

ただし，この松下電器産業の特許は 1989 年の出願ですから，こんな広い範囲の特許は，現在は認められないかもしれません．それは，1989 年当時と現在では，この特許を認めることの社会的なインパクトがまったく異なるからです．

しかし，そうはいってもエンジニアの皆さんからすれば，「え？割と誰でも簡単に思いつきそうなのに」「こんな単純なものまで特許として認められるの？」というような内容の発明であっても，特許として認められる余地は十分にあるのです．

❸ GUI 関連の発明事例 その 2（ワンクリック特許）

次に，もう 1 つ有名な事例をみてみましょう．いわゆるアマゾンのワンクリック特許（特許第 4959817 等）と呼ばれる特許権です．すでに，特許権自体は消滅していますが，後続の参入を防ぐ強力な特許権であったと評価されています．なお，このワンクリック特許は，いくつか関連する特許権が存在するのですが，最もわかりやすい特許第 4959817 号を簡単にご紹介します．

＜請求項 1 ＞

アイテムを注文するためのクライアント・システムにおける方法であって，

前記クライアント・システムのクライアント識別子を，前記クライアント・システムのコンピュータによりサーバ・システムから受信すること，

前記クライアント・システムで前記クライアント識別子を永続的にストアするこ

と，

複数のアイテムの各々のアイテムについて，

前記アイテムを特定する情報と，前記特定されたアイテムを注文するのに実行すべきシングル・アクションの指示部分とを，前記クライアント・システムのディスプレイに表示することであって，前記シングル・アクションは，前記特定のアイテムの注文を完成させるために前記クライアント・システムに要求される唯一のアクションであり，前記クライアント・システムに対して前記シングル・アクションの実行に続いて前記注文の確認を要求しないこと，および前記シングル・アクションが実行されることに応答して，前記特定されたアイテムの注文要求と前記クライアント識別子とを，前記サーバ・システムに送信することであって，前記注文要求は，前記シングル・アクションによって示されたシングル・アクション注文要求であり，前記クライアント識別子は，ユーザのアカウント情報を特定することを備え，

前記サーバ・システムが，前記シングル・アクションによって示されたシングル・アクション注文要求と，前記クライアント識別子に関連付けられた1または複数の以前のシングル・アクション注文要求とを組み合わせ，1つの注文に結合することを特徴とする方法.

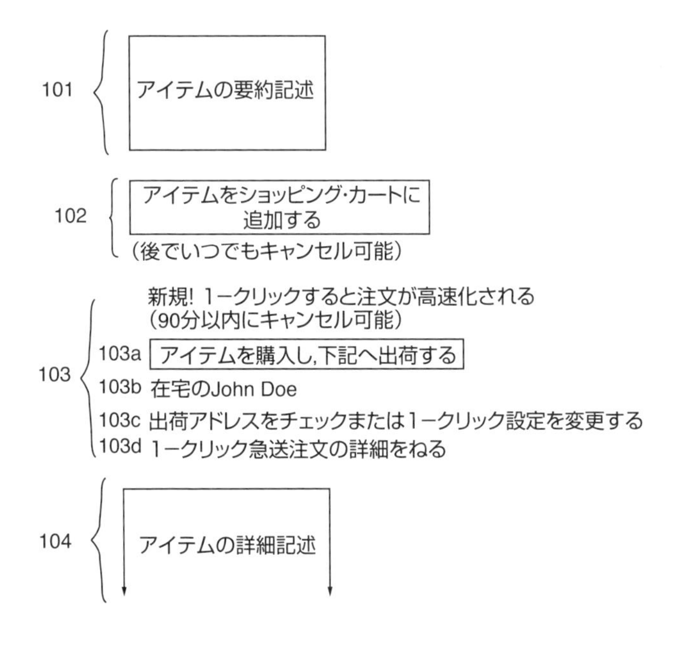

前ページまでの請求項の内容は，要するに，クライアントシステム（ユーザの情報処理端末）に事前に特定されたユーザの情報と，購入を希望する商品の情報とを合わせて，1回のクリックによるPC操作，すなわちワンクリックで購入が確定するボタンを表示させ，そのボタンがクリックされると，クライアントシステムがサーバシステム（サーバ）に対してユーザのIDや選択された商品を注文する旨の情報を送信する方法についての発明です．

もっとざっくりといえば，ユーザに対して，購入を希望する商品の情報や配達先の情報など，注文を確定させる前に事前に必要となる情報を一気に合わせて表示し，ユーザにボタンのワンクリックのみでいっぺんに承諾してもらい，商品の購入手続きを完了させることができるという方法の発明です．

なお，この特許は1998年の出願ですので，現在は権利としては失効しています．しかしながら，いまでは決してめずらしいものでもないですし，また，高度な技術が利用されているわけでもありません．

このような技術的なハードルのそれほど高くないといってもよいものまで法的な保護を与えることに異論がある方もいるでしょうが，一方，たとえば「コロンブスの卵」というようにネタがわかってしまえば非常に簡単だけれども，誰も行っていなかった当時，思いついて実行することは非常に難しかったということもあります．

しかし，重要な点は，**実際に法的な権利として認められる余地がある以上，意識しなければならない**ということです．

つまり，ビジネスの現場に身をおくエンジニアであれば，（エンジニアである自分からすれば）技術的にそれほどレベルの高くない発明（たとえば，GUI等に関連する特許）であっても，工夫次第では特許を取得する余地があるのだという点を十分に理解すべきです．むしろ，下手に高度な技術を必要とする特許（＝高度な専門性がなければその価値がわからない）よりも，「こんなものが特許になるの？」（＝技術的にみれば価値が低いかもしれない）というような特許こそ，実は最も競合する会社や個人にとって手強い特許になりうるのです．

したがって，自社が攻める立場で考えれば，このような特許の取得を積極的に目指すことが有用な戦略といえますし，逆に守る立場で考えれば，自社がこのような特許を踏んでいないか（侵害していないか）を十分に検討する必要があるのです．

MEMO

SECTION
3.6 AI分野における特許法の保護対象

なるほど！自分にとって思いつきやすく，使うイメージのつきやすい特許は，相手にとっても同じだということですね．ふむふむ．

んにゃ，そのとおり．さぁ，ソフトウェアの発明についてはひととおり解説したから私はひと休みします．
ここからが肝心のAIにかかわる部分ですが，白桃の得意分野なのです．

(面倒なところをひとに押しつけやがって，ったく)．あっ，は〜い！それでは，田野丸くん，私が本条先輩にかわって，教えてあげるね！

白桃さん，もう少し離れて……．

さて，いよいよ本書の本題です．実際に，AI分野ではどのような技術が特許法の保護対象となるのでしょうか．ここまでの前提知識を思い出しながら，具体的にイメージを膨らませていきましょう．

まず，特許法の保護対象は発明です．発明とは，「自然法則を利用した技術的思想のうち高度なもの」をいいます．この点，**単なるデータやアルゴリズムそれ自体は，自然法則を利用していないため，発明には該当しません**．

これに対して，たとえば，情報処理装置やプログラムであれば，審査基準にもあるとおり，特許法上の**発明**に該当する可能性もありそうです．

次の 図3.1 に，一般的なAI分野のシステム開発，およびサービスの全体のモデルを示します．これをもとに，どの部分で特許権をとれそうかを考えていきます．

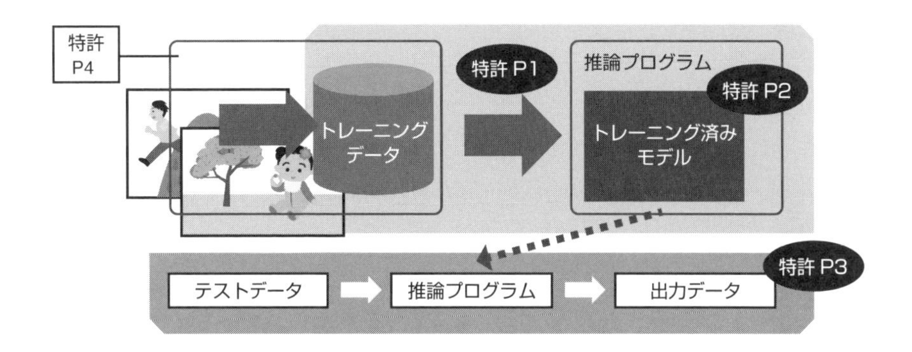

図3.1 AI 分野のシステム開発の流れ（イメージ図）

① 学習装置，およびそれに関連するプログラム （学習方法に関する特許，図の P1）

「学習装置,およびそれに関連するプログラム」（**学習方法に関する特許**）とは，簡単にいえば，機械学習に利用するデータ（生データ）から機械学習結果を反映したプログラム（学習済みモデル）を生成する過程にかかわる情報処理装置（PC等），およびそれに利用されるプログラムのことです．

これらは，装置という物，およびプログラム等という，いずれも特許法の対象であることが明らかですので，特許権を取得できる可能性があります．

具体的にいえば，たとえば生データを解析するための処理の方法（クレンジング）やラベル付けの方法（アノテーション），学習に利用するアルゴリズム，利用する OSS の組み合わせや方法などで独自の工夫が含まれているのであれば，特許権を取得できる可能性は十分にあります．

また，このような学習方法に関する特許は，先行技術との差異を主張しやすいため，比較的取得もしやすいと考えられます．さらに，自社の技術力をアピールすることにもなりますから，たとえば，ライセンス交渉などを行う場合などに有効な可能性があります．

しかしながら，いわゆる内部ロジックであるため，実際に侵害の証拠をとらえて訴訟にもち込むことに対しては高いハードルがあります．また，出願公開により自らのノウハウを他者に公開することになるため，その意味でもリスクは少なくありません．

② 学習済みモデル （プログラム，図のP2）

機械学習により生成された学習済みモデルに関しても，特許権を取得できる可能性があります．

学習済みモデルの定義は，典型的には，具体的なネットワーク構造も含めて，演算方法を特定するためのプログラムとします．

このような特許権は，学習済みモデル自体を製品として販売する際や，自社の市場価値を学習済みモデルの製品としての価格を含めて算出するような場合には，製品そのものを保護することになるため，有用と考えられます．

なお，プログラムは著作権法上の保護対象ともなりえますが，**特許法上の保護が得られれば，著作権法では保護されない，いわゆるその製品の派生モデルや上流モデルについても，ある程度の保護が期待できる**と考えられます．

しかしながら，先ほどの学習方法等に関する特許権と同様に，いわゆる内部ロジックですから，やはり訴訟に利用するのは難しいかもしれません．

COLUMN

アルゴリズムと学習済みモデルの違いがよくわからないと思った読者の方もおられるのではないでしょうか．

いずれの単語も実務的にはきわめて多義的に利用される言葉ですが，だからこそユーザとベンダの間で契約を行うような場合には，当事者間で十分に議論したうえで定義を明確にしておくことが望ましいといえます．これは単純に当事者間の意識を合わせるという意味でも非常に重要な意味がありますが，さらに，学習済みモデルという言葉の意味を，ニューラルネットワークにおけるパラメータであったり，推論時の多項式のような理解をされてしまうと，そもそも特許権や著作権の保護対象ではないから契約書にいくら明記されていたとしても法的に保護する対策の打ちようがないという話になってしまうからです．

そのため，特にアルゴリズムや学習済みモデルという言葉の意味については，契約の事前の段階において当事者間で認識をそろえておくことはきわめて重要です．この意味では，AIビジネスの分野では，他の分野と比較して，言葉の定義がさらに重要になるといえるかもしれません．

③ 学習結果の利用を前提としたビジネスモデル特許 （図の P3）

AI 分野は，いわゆる**ビジネスモデル特許**ときわめて相性がよいことが知られています．

たとえば，学習結果を利用したサービスにおいて，ユーザに提供する UI（ユーザインタフェース）やアプリケーションに関連する発明が典型的です．このような発明は，厳密にいえば「AI 分野の特許」ではないのかもしれませんが，他者が自らの学習結果をうまく利用して，競合となるサービスを展開する場合の参入障壁として機能する可能性があります．

特に，SECTION3.5 ②（105 ページ）で述べた GUI 関連の発明の事例のように，GUI にうまく特徴をもたせることができれば，比較的訴訟にも利用しやすい特許権を取得できるかもしれません．また，やり方次第で詳細の学習の手法にも限定されない権利とすることもできるため，今後の技術の進歩にも対応しやすい特許権を取得することができるという利点もあります．

ただし，この場合は機械学習以外の部分での工夫の必要があるため，ビジネスモデル全体のブラッシュアップが必要となります．また，いわゆる**ビジネスモデル特許は，国によって取得のしやすさが大きく異なるという問題があります**．

④ 周辺技術 （ハードウェア，図の P4）

また，AI 分野では，機械学習を実施する際に必要となる周辺技術（**ハードウェア**）について，特許を取得することも有効です．具体的には，学習のためにカスタマイズされた専用のサーバ，あるいは情報収集のためのセンサ等が典型的です．

このような特許を取得することができれば，実際の製品（物）に対応する権利となるため，侵害の把握や証拠の収集が容易ですし，非常に強い権利となることが期待できます．

一方で，あたりまえといえばあたりまえなのですが，このようなハードウェアに係る特許を取得するためには，機械学習（ソフトウェア）とはまったく別の技術開発が必要となります．それに応じて，相当な資金力等も必要ですから，非常にハードルは高いといえるでしょう．しかし，やはり強力な参入障壁となりえますので，体力のある大手企業であれば，このような特許権の取得を狙っていきたいところです．

❺ 具体的なケーススタディ

一般論だけではわかりにくいと思いますので，少し具体的なケーススタディを考えてみましょう．

事例1 モバイル環境での学習の課題は何？

開発中のソリューションサービスのモデルがモバイル環境での学習の場合，どのような課題があるでしょうか．

たとえば，エッジ側では情報収集のみを行い，サーバ側で学習を行うとすれば，大量の情報の送受信が必要となるかもしれません．あるいは，エッジ側でも一部の学習を行わせるのであれば，膨大な演算に耐えうるだけのスペックが各エッジに必要となりますし，その場合は，火災等の原因となる発熱の問題もあるかもしれません．

このような技術的課題に対して，解決策を考えていけば，発明の方向性は見えてくるはずです．

エッジ（**エッジデバイス**）という単語は，機械学習におけるデータ収集用のデバイスを意味しています．
近年，たとえば，農業分野や製造業分野のAIなどモバイル環境でデータを収集しなければならない状況もめずらしくありません．そのような環境において，最近では，ドローンなどと組み合わせたエッジ（エッジデバイス）の開発なども進んでいますが，より効率的な情報収集，演算，情報の送受信などさまざまな課題が生じています．
このような課題を解決するために，今後もさまざまな発明が生まれる可能性がある領域です．

事例2 学習に利用する情報はどのように収集する？

そもそも開発中のソリューションサービスでは，学習に利用する情報をどのように取得するとしているのでしょうか．あるシステムのユーザから情報を取得するのであれば，よりユーザが情報を提供しやすくなるようなしくみについて，きっと卓越した工夫を凝らしているはずです．そのようなしくみに関して特許を取得することができれば，他者より多くの品質の高い情報を得ることができることで，間接的に AI が提供するソリューションの精度も高めることができ，ひいてはサービス全体の他者に対する優位性を維持できるかもしれません．

これらの事例はあくまでも例ですが，それぞれのビジネス領域に**AI を適用するには，必ず何かしらの問題点や課題がそもそもあるはず**です．それらの個々の問題点や課題に対して，真摯に向き合い解決策として工夫を提供したとすれば，その点は法的保護の対象となることが多いと考えることができます．

さて，以上，AI 分野の代表的な特許についてみてきましたが，お気づきのとおり，多くの類型で，特許権を取得できても，訴訟には利用しづらいというデメリットがありました．また，AI 分野においては，苦労して特許をとっても，すぐに新しい技術（特にアルゴリズム）が開発されて，早々に技術が陳腐化してしまうという問題もあります．

実は，そのような事情から，AI 分野の技術を特許のみで包括的に保護することはきわめて困難だといわざるを得ないのが実情です．そのため，**直接的に保護を考えるだけでなく，間接的に保護できる部分を検討し，組み合わせて包括的な保護を実現する必要があります**．

その意味では，

- 自分たちのビジネスを保護するには，どのような知的財産権のポートフォリオを形成しなければならないのか
- その１つの方法として，どのような技術から発明を抽出しなければならないのか

という2点を検討することが重要です．

このような発想は，従来のエンジニアの思想だけでは困難であり，ビジネス的な思考や法律的な思考をうまく組み合わせて初めて実現できると考えられます．

SECTION
3.7 AI分野における特許出願の実情

田野丸くん……，あ～，もう田野丸！

ふがっ，あっとすみません．聞いてました，聞いてました．

本条先輩の話はいつも目をきらきらさせて聞いているくせに．田野丸は，ちっこい女子好きですか？あ～そうですか！

違います！別に白桃さんに興味がないとかそういうことではなく，あっと，そういうわけではなくて…….

まぁ～いいでしょう.

でも，AI分野の技術が特許だけで保護しにくいのであれば，実際のところ，やっぱり特許出願の機会は少ないんでしょ？

ぶっぶ～っ．そんなことはない！！特にここ数年は，AI分野の特許出願は急激に増えていますぅ～．実情を少しみていこうか？

さて，ここで，特許庁による「AI関連発明の出願状況調査」※3の結果を紹介します．これをもとに,AI分野の特許出願の実情について,少し検討していきましょう．

なお，この資料で母集団は，

(1) AIコア発明：ニューラルネットワーク，深層学習，サポートベクタマシン，強化学習等を含む各種機械学習技術のほか，知識ベースモデルやファジィ論理など，AIの基礎となる数学的又は統計的な情報処理技術に特徴を有する発明（G06N）

※3　特許庁Webサイト：ホーム > 制度・手続 > 特許 > 制度概要 > 特許関連施策 >AI関連発明 > AI関連発明の出願状況調査

(2) AI 適用発明：画像処理，音声処理，自然言語処理，機器制御・ロボティクス，診断・検知・予測・最適化システム等の各種技術

に，さらに(1)の AI コア発明を適用したことに特徴を有する発明と定義された，①および(2)の技術が包括的に含まれる形で，作成されているようです．

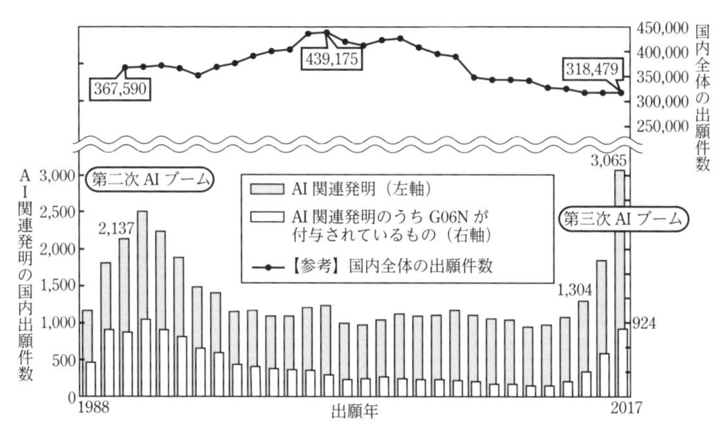

図 3.2 AI 関連発明の国内出願件数の推移
（特許庁 Web サイト「AI 関連発明の出願状況調査」より引用）

COLUMN

特許出願には記載されている技術の内容などに応じて，分類記号が付与されます．日本では，**FI** や **F ターム**と呼ばれる分類が一般的に利用されています．

前述の調査でも，この FI を中心とした調査が行われているようです．特に AI 分野では，**G06N** と呼ばれる分類が主とした役割を担っています．つまり，ニューラルネットワークや深層学習など AI 分野の中心的な技術はおおむねこの「G06N」という分類に分類されることになります．前述の調査においても，「G06N」というコードを中心として，明細書中に記載されたキーワードなどを組み合わせて，AI 分野の特許出願として検索母集団が抽出されています．

また，このような分類記号は，単一の分類記号だけが付されるのではなく，関連する分類符号が複数付与される場合もあります．そのため，図 3.2 のように AI 分野の特許出願がどのような分野の技術と関係するのかを探ることもできます．

実は特許情報は，企業の技術開発傾向や経営情報（狙っている市場など）などさまざまな情報を含む情報の宝庫です．そしてこれら情報は統計的な解析を行ったり，グラフ化することにより，視覚化することも可能です．興味がある方は，ぜひトライしてみてください．

したがって，本資料では，周辺技術を含む比較的広い意味でのAI分野の特許出願が拾えているはずです．

図3.2に示されたとおり，AI関連発明に関する特許出願は，2014年以降急激に増加しており，2017年では3,000件（うちAIコア発明が900）程度となっています．2018年以降もこの傾向は続くと思いますが，注目すべきはAIコア発明だけでなく，AI適用発明に関する特許出願まで広げても大きく増加しているということです．

次に，図3.3は，G06N以外で特許が付与されている技術分類の構成です．ここから，AI発明と相性のよい応用先（適用先）の技術分類を推定することができます．これをみると，まず目につくのが画像処理（G06T）や情報検索・推薦（G06F16）といった技術分類です．画像処理は機械学習の適用が最も進んだ分野の1つですし，たとえば，各種検索エンジンのリコメンド機能なども，機械学習の適用先としてよく知られる分野の1つです．

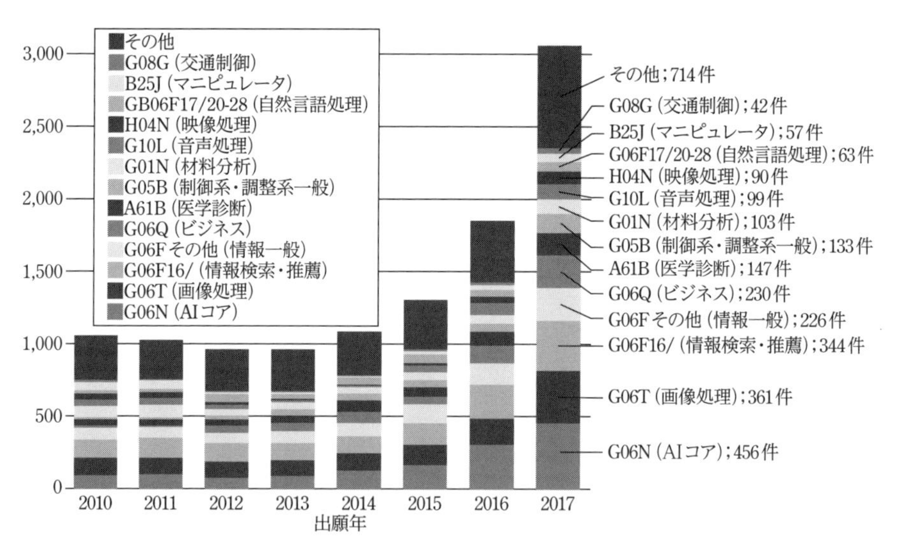

図3.3 AI関連発明の主分類構成の推移
（特許庁Webサイト「AI関連発明の出願状況調査」より引用）

「G06N」「G06T」などは，特定の技術が主として記載されている特許出願に対して，それぞれの特許の審査官が番号を付すものです（なお，これらの番号は複数付されることもあります）.
たとえば，**G06N** は，「① AI コア発明：ニューラルネットワーク，深層学習，サポートベクタマシン，強化学習等を含む各種機械学習技術のほか，知識ベースモデルやファジィ論理など，AI の基礎となる数学的又は統計的な情報処理技術に特徴を有する発明（G06N）」とされています.

それ以外にも，「自然言語処理」「医学診断」「音声処理」といった機械学習の典型的な適用先が上位を占める中，ビジネス（G06Q）やその他に分類される出願が比較的散見されます．これは先ほどの説明のとおり，特許特有の事情といえるかもしれません．

また，その他にはインターフェイス（G06F3※4）やセキュリティ（G06F21）なども多く含まれるようです．実際にはもう少し詳細に検討してみなければわかりませんが，生データを取得するセンサまわりの技術やデータの加工方法などが含まれているのかもしれません．

このように特許情報は技術やビジネスに通じるさまざまな情報の宝庫です．AI分野に限らず，多くの分野で，特許情報の解析から得られた情報を事業や経営に活かす試みが行われています

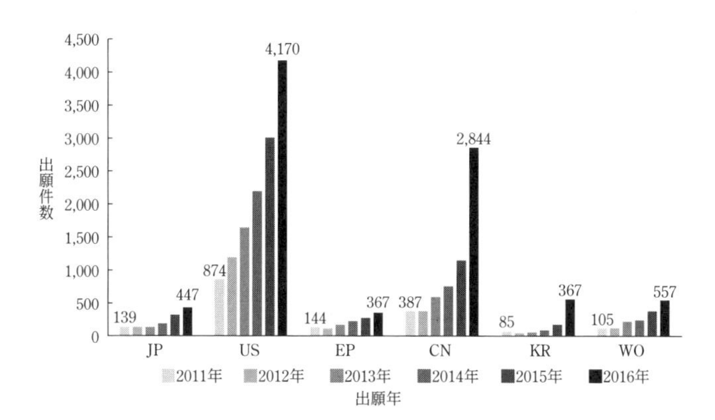

図3.4 「G06N」が付与されている各国出願件数の推移
（特許庁 Web サイト「AI 関連発明の出願状況調査」より引用）
（JP：日本，US：米国，EP：EU，CN：中国，KR：韓国，WO：国際特許）

※4 G06F3（インターフェース）とは，計算機で処理しうる形式にデータを変換するための入力装置，および，処理ユニットから出力ユニットへデータを転送するための出力装置のこと．

次に，図3.4をみると，「G06N」が付与されている特許出願の件数の急増は，他の国でも同様であり，特に米国や中国の出願件数は，突出した状況であることがわかります．なお，このグラフは「G06N」が付与されている特許出願の件数のみ示していますが，AI関連技術全体で算出しても各国の比較において結果にそれほど差はないでしょう．

さらに，これらの図に示したAIのコアとなる機械学習等に関する特許出願だけでなく，合わせて，その適用先の技術分野においても数多く特許出願がされていることが予想できます．

このような各国（特にアメリカや中国）の特許出願件数の増加の傾向は，今後もさらに続くことが予想されます．これが，AI分野で活躍していこうとするエンジニアであれば避けては通れない現実であり，**特許をはじめとする知的財産権の知識を理解せずに当該分野の研究開発を継続することの難しさを物語っています．**

MEMO

SECTION
3.8 ビジネスモデル特許の可能性

白桃さんの熱のこもった解説ですっかり目が覚めたよ．なるほどなぁ〜．やっぱりAI分野においても，特許出願は重要なんだね．

二度と時代遅れの発言はしないように．確かに1つだけの特許で技術を守ることには限界がある．だがしか〜し，複数の特許を組み合わせて，さらに特許のみでなく，さまざまな方法を複合的に構成して，自社やチームのビジネスを守るポートフォリオを形成することが重要なのです．
わかったかな？

はい．よくわかりました．そうすると，個々の技術単体ではなく，全体としてみるビジネスというものの考え方が大切な気がするけど，確かビジネスモデル特許っていう話があったよね？
ビジネスの方法がそのまま特許になるっていうこと？

ふふっ！　ビジネスの方法がそのまま特許になるわけではないのだけど，最近重要な判例も出ていて興味深い分野なんだ．詳細を少し説明するね．

さて，前のSECTIONの解説から，特にAI分野の技術は技術単体では守り切れないので，全体をビジネスとしてみて，複数の特許やそれ以外の方法も含めて，複合的な方法を組み合わせて守る必要があるのだということがわかったと思います．

115ページの説明でAI分野は，いわゆるビジネスモデル特許ときわめて相性がよいと述べました．

特許の対象となる発明の中には，**ビジネス関連発明**と呼ばれるものがありますが，これは，一般には，**ビジネスモデル特許**という名前で呼ばれています．

まず，ビジネス関連発明に関する特許庁の見解※5を確認してみましょう．

特許庁 Webページ

ビジネス関連発明とは，ビジネス方法がICT（Information and Communication Technology：情報通信技術）を利用して実現された発明です．特許制度は技術の保護を通じて産業の発達に寄与することを目的としています．したがって，販売管理や生産管理に関する画期的なアイデアを思いついたとしても，アイデアそのものは特許の保護対象になりません．一方，そうしたアイデアがICTを利用して実現された発明は，ビジネス関連発明として特許の保護対象となります．

とあります．

このような見解に立った場合，いわゆるビジネスモデル特許とは，実質的にはソフトウェア特許の一態様であると考えることができます．つまり，ICT技術を利用して実現された発明であれば特許の保護対象となりうる（新規性や進歩性の問題を除く）と考えることができる一方で，**販売管理や生産管理といった，いわゆるビジネスモデルのアイデア自体は特許の保護対象とはならない**と考えることができます．それでは，実際に出願されているビジネス関連発明の例をみてみましょう．

ビジネス関連開発の例

特許出願人：株式会社FiNC

特許6010719号（2015/7/31出願，2016/9/23登録）

＜請求項1＞

端末とネットワークを介して接続された健康管理サーバであって，

前記端末を有する健康管理対象者の健康管理対象者情報，質問情報および回答情報を記憶する記憶部と，

前記端末から送信されたメッセージ情報を受信する受信部と，

前記受信したメッセージ情報に基づいて言語情報を解析し，該解析した言語情報から前記質問情報を取得する解析部と，

※5 特許庁Webページ：ホーム > 制度・手続 > 特許 > 制度概要 > 特許関連施策 > ビジネス関連発明の最近の動向について

前記取得した質問情報に対応する前記回答情報を抽出し，該抽出した回答情報に基づいて文例を生成する生成部と，

前記抽出された回答情報を，該回答情報の確からしさを示す確信度で評価する評価部と，

前記文例および評価を，前記健康管理対象者情報に基づいて補正する補正部と，

前記補正された文例および評価を，前記端末に対して送信する送信部とを備える健康管理サーバ．

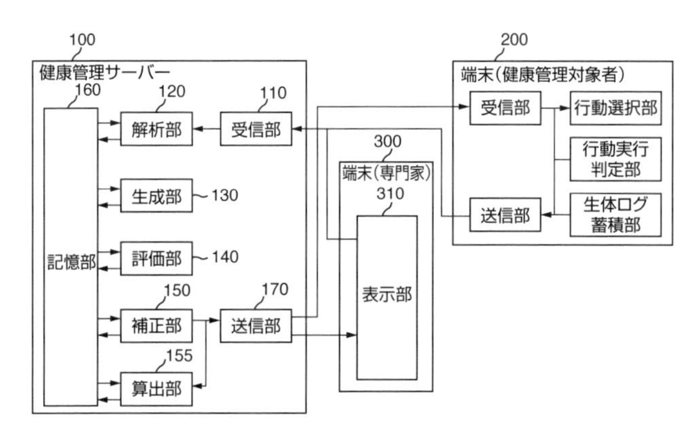

健康管理サーバおよび端末の機能構成を示すブロック図

さて，こちらの発明は，歩数，体重，睡眠などのデータから，AI（システム）がユーザに対して健康上のアドバイスを行うという発明です．たとえば，自動記録体組成計の提供，専門家の助言，提携事務所の優待利用といった具体的な健康状態の改善を行うための方法などを組み合わせることによりユーザの健康管理を支援するようです（図 3.5）．

おそらくエンジニアである皆さんであれば，直感的に受け入れることができると思いますが，こちらの発明と対応した出願人の製品（アプリケーション）内において，機械学習の技術が利用されている可能性は高い（少なくとも利用する余地が大きい）と考えられます．しかし，先ほどの請求項 1 の記載をみても，使用する OSS や具体的なアルゴリズムについては，まったく記載されてはいません．これは明細書の中をみても同様です．この特許のポイントは，あくまでもユーザの情報にもとづいて，所定の情報を提供する点，詳細にいえば，ユーザ（健康管

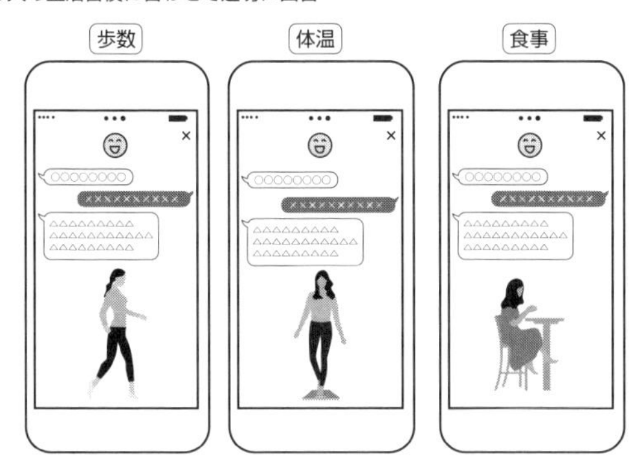

図3.5 発明のイメージ図
(特許庁 Web サイト：ホーム > お知らせ > 新着情報 / イベント情報 > イベント情報 > 特許庁主催説明会・シンポジウム > 説明会テキスト > 説明会テキスト > 令和元年度知的財産権制度説明会（実務者向け）テキスト > 知的戦略関連 > 34.「コト」の時代におけるビジネス関連発明の権利取得について > レジュメを参照のうえ作成)

理者）に関連する情報を，確信度と呼ばれる基準で評価し，ユーザに対する文例や評価を補正する点にあります．

このような特許権の利点は，競合他社が多少異なる内容や精度の AI を搭載して似たようなアプリケーションを開発（ビジネスに参入）してきた場合であっても，特許権の権利範囲には影響を与えないという点です．これは，技術の進歩の早い AI 分野では，特に重要なポイントです．

もちろん，115 ページでも述べたとおり，ビジネスモデル特許にも弱点はあります．しかし，少なくとも日本の AI 分野において，このような形での特許権の取得は，きわめて有効な知財戦略の１つであると考えられています．

もう１つ別の事例をみてみましょう．先ほども少し触れましたが，一般的にビジネス関連発明は ICT を利用した発明，すなわち，システムを利用していることを前提としていると考えられてきました．原則として，この考え方は十分に正しいものと思われますが，しかし近年，若干異なる考え方をしなければならなくなるような重要判例が知的財産高等裁判所より出されました．この判例について，簡単に説明しましょう．

本件は，「いきなりステーキ」で有名な株式会社ペッパーフードサービスの特許出願に対して特許を認めるか否かを争った事案であり，かなり複雑な経緯の後に，結果として特許が認められた事件です（知財高裁，平成 29 年（行ケ）第 10232 号）．

<事件の経緯>

⑴特許出願

⑵最初の拒絶理由通知

⑶意見書および手続補正書の提出

⑷特許査定

⑸特許異議申し立て

⑹特許取消決定

⑺特許取消決定の取消請求（訴訟提起）

⑻請求認容判決（取消決定の取消）

※　上告されず，判決は確定.

以下，最終的に特許が認められた特許請求の範囲を示します.

<請求項１>

(A)：お客様を立食形式のテーブルに案内するステップと，お客様からステーキの量を伺うステップと，伺ったステーキの量を肉のブロックからカットするステップと，カットした肉を焼くステップと，焼いた肉をお客様のテーブルまで運ぶステップとを含むステーキの提供方法を実施するステーキ提供システムであって，

では

(B)：上記お客様を案内したテーブルに番号が記載された札と，

(C)：上記お客様の要望に応じてカット肉を計量する計量機と，

(D)：上記お客様の要望に応じてカットした肉を他のお客様のものと区別する印しとを備え，

(E)：上記計量機が計量した肉の量と上記札に記載されたテーブル番号を記載したシールを出力することと，

(F)：上記印しが上記計量機が出力した肉の量とテーブル番号が記載されたシールであることを特徴とする，

(G)：ステーキの提供システム.

＜図（実際に添付された図のまま）＞

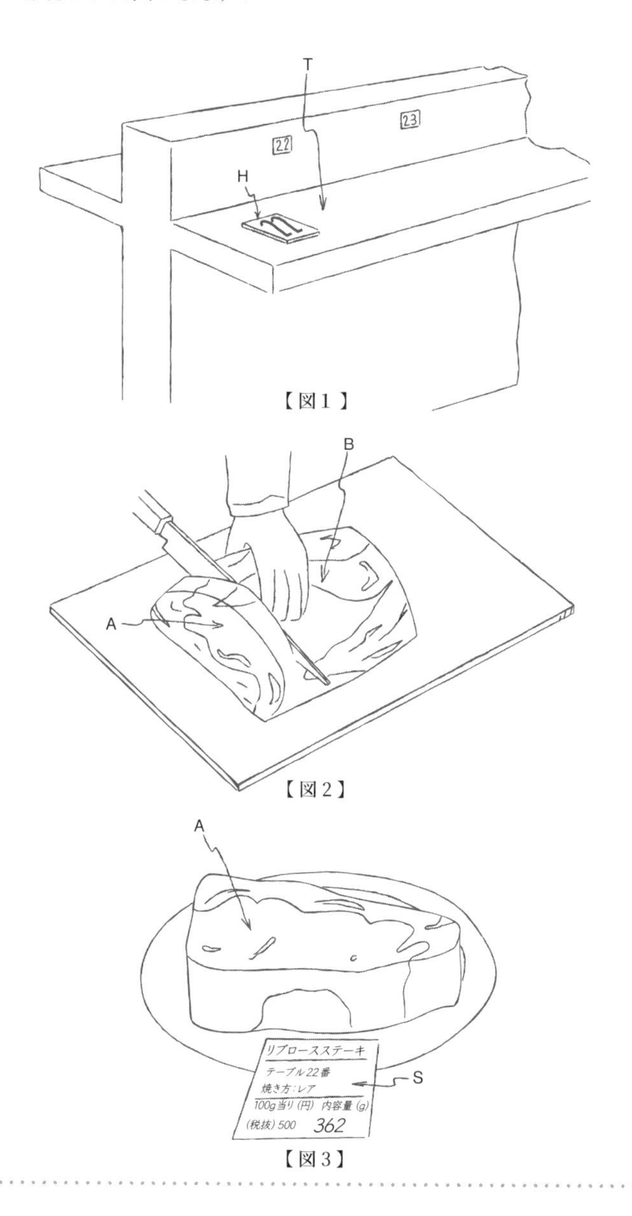

【図1】

【図2】

【図3】

これが，実際に特許として認められた請求項1の内容です．実際にいきなりステーキに行ったことがある人はよくわかるかと思いますが，まさに同社が提供している独特のステーキの提供のしかたに即した内容で特許が認められています．

特に，構成要件（A）をみると明らかなように，たとえば，「お客様を立食形式のテーブルに案内するステップと，お客様からステーキの量を伺うステップ」や，「伺ったステーキの量を肉のブロックからカットするステップと，カットした肉を焼くステップ」というような形で人（たとえば，店員）の行う行為がそのまま特許請求の範囲に記載されており，従来のようなPC等の利用はまったく規定されてはいません．

この判決は，明細書の記載方法や特許そのもののあり方について非常に大きな意味をもつのですが，まずはこのような**一見すると特許にはなりえないような発明であっても特許になりうる**ということだけ覚えておいてください．

COLUMN

ビジネス関連発明は，従来，ビジネス上利用される「システム」のみが対象と考えられていました．しかし，近年の判例をみると，ビジネス関連発明として，特許権が認められる可能性が広がったと考えられます．

興味がある人は，弁理士や弁護士に相談してみると，思いもよらない形の特許権が取得できるかもしれません．

第4章
専門家とのコラボレーション

ここまでの章で述べたとおり，(AIを含む)ソフトウェアの分野では，エンジニア自らが，知財担当者や外部の専門家（弁理士・弁護士）などとコミュニケーションをとらなければならない状況が少なくありません．本章では，そのような状況を想定し，エンジニアが知財担当者や外部の専門家（弁理士・弁護士）などと仕事をする場合に，特に留意するべきポイントについて解説します．

SECTION 4.1

個々の特許出願書類におけるポイント

ね～，田野丸！ちょっとお願いがあるんだけど…….

なんだよ．しおらしい態度したって，だまされないぞ．どうせ厄介事だろう？

そういわないで！あなたの上長のことなんだから．
□□課長にさっき要約書の原稿のチェックを依頼したんだけど，書いてある文章の要旨が不明で何をいっているのかわからないっていってきたのよ．
まったく，協力する気がないんだから．
あなたから，□□課長に説明しておいて，お願い…….

う～ん……．わかりました．で，何を？

ありがとう．やさしいね！　田野丸は．
かわりに明細書の読み方から，ていねいに教えてあげるね．

① 特許出願に必要となる書類

エンジニアの方であれば，特許出願の明細書のチェックを行わなければいけない機会も多いと思います．したがって，一般的に特許出願＝明細書というイメージがあるものの，実は詳細についてはほとんど知らないというエンジニアの方も多いのではないでしょうか．

まず特許法 36 条 1 項柱書によると，出願人，すなわち特許を受けようと希望する者は，いわゆる書式的事項を記載した**願書**を特許庁長官に提出しなければなりません．

図 4.1 に，特許庁により公開されている願書の見本を示します．

それでは，願書に添付する書類としては何が必要でしょうか．少なくとも明細書が必要なことはわかると思います．これについては，特許法 36 条 2 項に記載

Ⅱ　特許週通鑑の願書（通常出願）の作成方法

特許法第 36 条の規定による特許出願（通常出願）

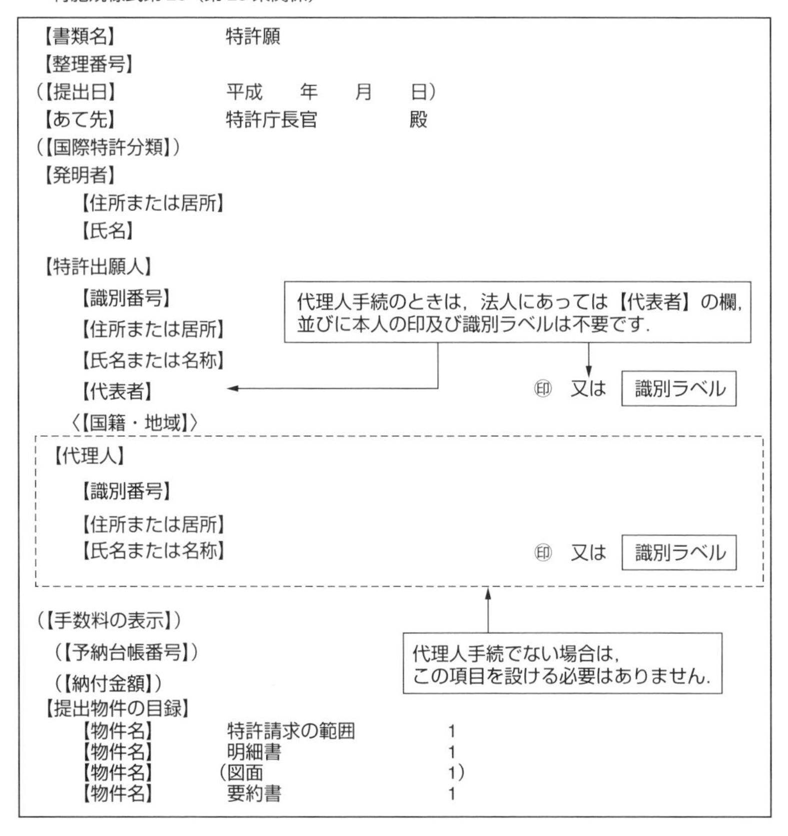

特施規様式第 26（第 23 条関係）

【書類名】　特許願
【整理番号】
（【提出日】　平成　年　月　日）
【あて先】　特許庁長官　殿
（【国際特許分類】）
【発明者】
　【住所または居所】
　【氏名】
【特許出願人】
　【識別番号】
　【住所または居所】
　【氏名または名称】
　【代表者】
〈【国籍・地域】〉
【代理人】
　【識別番号】
　【住所または居所】
　【氏名または名称】
（【手数料の表示】）
　（【予納台帳番号】）
　（【納付金額】）
【提出物件の目録】
　【物件名】　特許請求の範囲　1
　【物件名】　明細書　1
　【物件名】　（図面　1）
　【物件名】　要約書　1

図 4.1 特許庁により公開されている特許の願書の見本
（特許庁 Web ページ：ホーム > 制度・手続 > 法令・施策 > 法令・基準 > 基準・便覧・ガイドライン > 出願の手続 > 第二章 特許出願の手続 > 願書の作成方法より引用）

COLUMN

特許出願における願書の記載事項はほとんどが形式的な事項であり，特許事務所の担当者（または所属組織の知財担当者）が内容を担保しています．

そのため，エンジニアの立場としては，「発明者の氏名や住所がまちがっていないか」といった確認のみで十分です．

例外的な場合として，特許事務所等を介さずに自社のみで特許出願を行う場合には，すべての事項を十分に確認する必要があるかもしれません．

があります．

特許法36条2項　**願書には，明細書，特許請求の範囲，必要な図面及び要約書を添付しなければならない．**

つまり，特許出願の願書には，「明細書」「特許請求の範囲」「図面」「要約書」の4つの書類が必要となります．なお，「必要な」と記載されているとおり，図面は必要ない場合には添付しなくてもよいですが，実務上，多くの場合，図面を添付して出願を行います．

このように，特許出願には，一般的によく知られた明細書以外にもさまざまな書類を添付しなければなりません．特許出願に必要となる書類をまとめて，**明細書等**というように表現することがあります．

続いて，各添付書類について，詳細をみていきましょう．

❷ 明細書

明細書とは，出願人が特許を取得したい発明の内容を具体的に記載する書類のことです．一般的に添付書類の中で最も分量が多く，エンジニアにとって確認に最も時間を要する書類になるのが通常だと思います．

この明細書の記載については，法律で非常に細かいルールが規定されているようにも思えますが，実はそうでもありません．特許法36条3項柱書および特許法36条4項柱書に，次のように記載されています．

特許法36条3項　**前項の明細書には，次に掲げる事項を記載しなければならない．**

一　発明の名称

二　図面の簡単な説明

三　発明の詳細な説明

特許法36条4項　前項第三号の発明の詳細な記載は，次の各号に適合するものでなければならない．

一　経済産業省令で定めるところにより，その発明の属する技術の分野における通常の知識を有する者がその実施をすることができる程度に明確かつ十分に記載したものであること．

厳密にいえば，その他の細かな要件はほかにもいくつかあるのですが，基本的には，これらの規定を満たせば大きな問題はありません．つまり，明細書には，「発明の名称」「図面の簡単な説明」「発明の詳細な説明」というものを記載する必要があります．このうち特に大事なことは，**発明の詳細な説明**は，「その発明の技術の分野における通常の知識を有するもの（当業者）が，その実施をできる程度に明確かつ十分に記載しなければいけない」ということです．

この背景にあるのは，3ページで解説したとおり，特許制度は，単に出願人に対して特許権という独占排他権を付与するのではなく，その代償として発明の内容を広く社会に公開して発明の利用（応用や改良）を促進するという立て付けとなっているからです．

したがって，「当業者（競合企業の担当者や同じ技術分野のエンジニア）が発明の詳細な説明の記載をみれば，その実施（その発明の再現）をできる程度の内容を記載しなければならない」というのが特許法の求める要件であり，また，同業他社にどこまでノウハウを公開するかという観点も含めて，検討しなければならないポイントです．

❸ 特許請求の範囲

次に，**特許請求の範囲**とは，特許を受けようとする発明を特定するための事項を記載した書類です．特許権の権利範囲は，原則として，この特許請求の範囲の記載によって定められます．ひいては，特許を与えるべきか否かについても，原則として，特許請求の範囲の内容に対して審査が行われます．したがって，特許請求の範囲の内容は，きわめて重要な意味をもちます．

しかしながら，特許出願の時点でエンジニアが確認するという意味においては，それほど厳密にとらえる必要はないと考えられます．その理由は以下の2つです．

まず1つ目として，**特許請求の範囲の記載は，一定の条件を満たせばいつでも変更することが可能**だということです．また，審査の過程において，逆に特許請求の範囲に関する記載の変更を求められるのは日常茶飯事です．そのため，特にソフトウェア分野のような変化の激しい技術領域においては，はじめから特許請求の範囲の記載を柔軟に変更できるようにしておくという戦略がきわめて有効であり，したがって特許出願の時点でエンジニアが細かく確認したとしても，後で変えなければならない可能性が高いのです．

もう1つは，**特許請求の範囲の記載は，事業戦略上の意味合いが強く，エンジニアというよりは知財担当者や事業担当者こそが確認を行うべき内容だから**です．その意味で，エンジニアが特許請求の範囲について，記載の確認を行う意義は比較的少ないと考えられます．

なお，特許請求の範囲の記載については，後ろの⑥でさらに詳細に説明を行うので，ここではこの程度の説明に留めます．

COLUMN

特許請求の範囲の記載についての考え方は，企業や特許事務所ごとにさまざまです．ここでの見解は，あくまでも個人的な見解に過ぎませんので，このような考え方もあると理解していただければ幸いです．

また，厳密な確認は必要ありませんが，全体の流れや，骨格程度の確認はもちろん必要です．特許請求の範囲の記載が発明の本質をとらえていなければ，明細書の記載が発明の本質とかけ離れたものになってしまうからです．

④図　面

先ほど述べたとおり，**図面**は添付書類に必ず含まれなければならないものではありませんが，実務上は多くの特許出願において図面が含まれます．理由は，文章と比較して，図面に含まれうる情報量がきわめて膨大だからです．それでも腕のよい弁理士であれば，図面に含まれうる情報をできる限り文章として記載することを目指すものですが，限られた時間の中で，図面に含まれうる情報のすべてを文章として書き起こすというのは不可能です．

また，特にICT分野で注目するべきなのが，図面としていわゆる**GUI**（**グラフィカルユーザインタフェース**）を添付することのメリットです．UIには，開発過程で生じた細かな工夫やエンジニアの思想など，多くの情報が含まれます．これらの情報は，見た目のイメージをそのまま伝達できるというメリットがあることに加えて，SECTION 3.5 ②（105ページ）で述べたとおり，機能的な限定により，実質的にGUIを技術的範囲に含むような，わかりやすい特許権を取得できる可能性もあります．

このような理由から特許出願において図面はきわめて重要です．しかし，図面を用意する手間はばかになりませんし，明細書の作成期間や費用にも影響を与えます．現実的な妥協点を考慮して，必要十分な範囲で図面の内容を吟味することが重要です．

⑤ 要約書

要約書は，簡単にいえば発明の内容を要約した文書のことです．

特許法70条3項 前2項の場合においては，願書に添付した要約書の記載を考慮してはならない．

ここで，前2項の場合とは，「発明の技術的範囲を定める場合」と読むことができます．いいかえれば，**要約書の記載は，特許権の権利範囲を定める際に考慮されず，あくまでも特許文献を公衆にとって利用しやすいものにするために記載されるものである**ということです．

そのため，要約書の記載は，事業への影響がきわめて少ない事項の1つです．エンジニアが書類の確認をするという意味では，（特に違和感がなければ）要約書はどのような記載であってもおおむね問題がありませんので，気楽に読んでみてください．

実務上，要約書の記載は競合からのサーチを避ける目的で，あえて内容のわかりにくい文書（常識の範囲で）を記載するような場合もあります．実際にそのように記載するかどうかはともかく，そのような考え方もあるということは覚えておいて損はないでしょう．

ただし，逆にいうと，要約書の記載は原則として，発明の詳細な説明等に記載がなければ，特許権の権利範囲に考慮されないということですので，気を付けてください．

以上で，特許出願に必要となる書類のポイントについてひととおり解説をしました．一般的に，特許事務所等から書類が送付される場合，明細書，特許請求の範囲，図面，要約書等はすべてまとめて送付されてきます．そのため，別々の書類としての認識はあまりないかもしれません．どの書類にあたるかも含めて，不明な場合は，社内の知財担当者や弁理士に聞いてもよいでしょう．

❻ 明細書と特許請求の範囲の関係性

いままでの解説から，きっと明細書が何で，特許請求の範囲とはどのようなものかは理解いただけたと思います．ただ，実際の実務となると少し不安があるのではないでしょうか．ついては，ここであらためて明細書と特許請求の範囲の関係性について，詳しく解説したいと思います．

まず，特許権侵害訴訟等で問題となるのは，原則として特許請求の範囲の記載であるということを押さえてください．特許法 70 条 1 項に以下のように記載されています．

特許法 70 条 1 項 特許発明の技術的範囲は，願書に添付した特許請求の範囲の記載に基づいて定めなければならない．

特許法 17 条の 2 第 3 項 第 1 項の規定により明細書，特許請求の範囲又は図面について補正をするときは，誤訳訂正書を提出してする場合を除き，願書に最初に添付した明細書，特許請求の範囲又は図面（第 36 条の 2 第 2 項の外国語書面出願にあつては，同条第 8 項の規定により明細書，特許請求の範囲及び図面とみなされた同条第 2 項に規定する外国語書面の翻訳文（誤訳訂正書を提出して明細書，特許請求の範囲又は図面について補正をした場合にあつては，翻訳文又は当該補正後の明細書，特許請求の範囲若しくは図面）．第 34 条の 2 第 1 項及び第 34 条の 3 第 1 項において同じ．）に記載した事項の範囲内においてしなければならない．

この特許法第 17 条の 2 第 3 項は**新規事項の追加**と呼ばれる規定です．この条文自体はかなり読みづらいですが，**簡単にいうと，明細書等（特許請求の範囲を含む）の補正をするときには，出願時点の明細書等に記載された事項の範囲でしなければならない**旨を規定しています．当たり前といえば当たり前なのですが，先願主義との関係で，出願時点で明細書等に記載された事項の範囲外のものについてまで補正は認められません．しかし，ここで重要な点は，**所定の条件を満たせば，特許請求の範囲の記載は明細書の範囲内で「補正」をすることができる**という点です※1．

そもそも，特許出願の場合には，**特許権を取得するまでの過程で，特許請求の範囲の記載を変更（主として減縮）しなければならないことが少なくありません．**そのような場合も含めて，特許請求の範囲の記載は，明細書の範囲内で補正することができるのです．しかし，このような補正は常に行うことができるわけではなく，さまざまな細かな規定が存在します．少なくともエンジニアの方にも関係する場面としては，**特許権取得後には，気軽に補正ができません**※2．この点はぜひ，頭の隅に留めておきましょう．

以上のとおり，特許請求の範囲は，権利範囲を決定するきわめて重要な書類であるものの，特許権を取得するまでの過程である程度自由に変更することが可能，かつ内容が変動する可能性がきわめて高い書類です．特に，開発環境や市場環境の変動が激しい分野では，特許請求の範囲がある程度変動することを前提に出願戦略を構築したり，明細書の内容を検討したりすることが日常的に行われています．

したがって，一般に A4 用紙で 10 ～ 20 枚程度になる明細書の中には，**現在の特許請求の範囲に対応する記載だけでなく，変更されるかもしれない将来の特許請求の範囲に対応する記載など，幅広い可能性を考慮した記載がパラレルに記載されることがあります**．そのような明細書は，一見すると読みにくいという印象を与えるものの，結果的にはさまざまな可能性に対応することができる良質な明細書かもしれません（もちろん，明細書であっても読みやすいということは重要な要素の 1 つではあるため，一概にはいえませんが……）．

結果的に，慣れないうちは明細書が読みにくいという印象をもつ人が多いのかもしれません．

※1　厳密にいえば，特許権の取得前であっても，時期により補正できる範囲は異なります．
※2　正確には，訂正という手段があるのですが，補正に比べてさまざまな制限がかかります．

COLUMN

特許請求の範囲の記載が補正できることを活用する手法や考え方は，AI 分野において特に有効に機能することが期待できます．

その理由の 1 つは，AI 分野が他の分野と比較して技術開発の進歩がきわめて早いためです．特許出願の当初は補助的なアイデアに過ぎないものであっても，後々には重要なアイデアに発展するということもめずらしくありません．

また，AI 分野のプレイヤーの多くは小規模なスタートアップ企業です．企業規模の小さいスタートアップ企業などでは，大手企業などと比較して相対的に特許出願の数が少なくなってしまうのはやむをえません．そのため，少ない特許出願を有効に活用して，効率的に参入障壁を構築する必要があるのですが，そのような場合にも特許請求の範囲の記載が補正できることを活用する手法や考え方はきわめて有用と考えられています．

一方，自社が特許を取得する場合だけでなく，自社が競合他社の特許権（特許出願）を警戒する場合にも，特許請求の範囲の記載が補正できることは影響します．たとえば，競合他社の特許出願があった場合には，いつでも補正の可能性がありますから，明細書に記載されているすべてのアイデアを警戒する必要があります．対して，競合他社がすでに特許権を取得していた場合には，原則として特許請求の範囲に記載されている内容のみを警戒すれば十分と考えることができます．

さらに，競合他社をけん制するために，あえて特許出願の状態を維持するような方法もありうるのです．

MEMO

SECTION 4.2 新規性の落とし穴，論文と明細書の違い

あ～いそがしい．次の○○学会のセッションについて，俺を推してくれている△△先生から講演の依頼が来てるな～．う～ん，これは断れないな～．

田野丸くん．□□課長にはきちんと相談していると思うけど，講演で発表する内容はきちんと知財につないでね！

あっ，本条先輩だ！相変わらず猫っぽいですね～．

こりゃ～．バカにするのもいい加減にしろ！

先輩のおっしゃることはよくわかりますが，△△先生はうちの会社としても大事なアドバイザーですよ．何も公表できないといったって，たとえば，前回と同じ内容の講演というのはまずいと思いますけど…….

それはわかってる！
よし，いい機会だから，その辺のことについて教えてあげるよ．

❶ 新規性の落とし穴

SECTION 1.3 ①（6 ページ）において，先に学会や展示会，学術論文等で特許を取得しようとしている発明の内容を発表してしまうと，新規性が認められなくなることがあることを解説しました．

ここで重要な点は，その発明を**誰が発明したのか（誰の研究なのか）は問わず，学術論文等にその発明が公開された段階で，新規性は認められず，特許権を取得することはできなくなる**ということです．

つまり，特許法は，著作権法等とは根本的に考え方が異なっており，自身が発明したものであっても客観的に新規性が認められない場合には，特許権を取得す

ることができなくなるということです．

たとえば，学会発表等において，きちんと知財担当者に事前に発表内容をみせて了解をとっていたとしても，発表後の質疑応答で熱くなり，つい口がすべって大事な発明のポイントを明かしてしまったりすれば，取り返しのつかない事態に発展しかねません．現在，1つの会社や一個人で研究開発を行うことはほとんどないでしょう．したがって，あなた個人の損失では済まないことになるかもしれません．

もちろん，すでに述べたとおり，特許法には**新規性喪失の例外**などの救済規定が存在します．しかし，これらの規定は，あくまでも例外的な救済措置です．

たとえば，通常の手続きのほかに特別な手続きが必要となったり，あるいは，申請先の国の制度によっては救済そのものが難しくなる場合もあります．また，あくまでも新規性を喪失したことに対する救済規定ですから，万一，同様の発明を第三者によって先に出願されてしまった場合には，先願主義（特許法39条）のために特許を受けることができない場合もありえます．

したがって，実務的には，新規性喪失の例外の規定はあくまでも例外規定であるととらえて，発明を公開する前には必ず特許出願の必要性を検討するということをおすすめします．

COLUMN

エンジニアの皆さんとしては，ジャーナルの投稿締切や，それにかかわる投稿の催促など，関係者や出版社からの要望に応じて柔軟な対応をしなければならない場合もあると思います．大学の先輩から，「投稿しても，実際に掲載されるまでには数か月にわたるのが通常の査読だから，特許出願と少し前後しても大丈夫なはず」などと早く投稿するよう催促されたら，正直なところ困るのではないでしょうか．

特許庁の見解※3によれば，確かに「一般的に論文の投稿段階では新規性は喪失せず，その論文が一般に公開されて初めて新規性を喪失する」という取り扱いにはなっています．

しかし，この場合でも第三者への漏洩等のリスクはありますし，原則としては，論文の投稿前には特許出願を済ませておくことをおすすめします．

※3　特許庁：平成30年改正法対応 発明の新規性喪失の例外規定についてのQ&A集（平成30年6月付）

またそのためには，自身が所属する会社や機関の知財担当者と日ごろから積極的にコミュニケーションをとるよう心がけ，個々の技術に対する特許取得の可能性について密に連携して，**発明を公開するイベント（学会発表，論文発表やプレスリリース等）を，主体性をもってコントロールすることがきわめて重要**です．

ただし，エンジニアにとって学会発表や論文発表は，最も重要な行為の1つです．エンジニアが相互に研究内容を発表し，相互に意見を交換し合うことで，関連する研究全体が発展していきます．学会発表や論文発表をなおざりにするようでは，エンジニアとしてのさらなる成長が難しくなるでしょう．また，いくら特許を取得する可能性があるからといっても，それを理由に学会発表や論文発表のスケジュールを変更してもらうことも難しいことがあるでしょう．そのような場合は，1人で考え込んだりせず，社内の知財担当や外部の弁理士等に相談してみましょう．

きっと，公開する発明の範囲を限定したり，時間を優先して簡易的な特許出願を行ったり，何らかの対策を提案してくれるはずです．

企業に所属しているエンジニアの場合，職務発明規定等により「特許を受ける権利」が所属組織に譲渡されているのが通常です．
その場合，特許を取得するか否かの判断は所属組織によって決定されるべきものです．したがって，あくまでも財産的な権利は所属組織に譲渡しているという割り切りは重要です．ただし，発明者として正当な対価を受け取る権利はもちろんありますので，その分の対価については十分に交渉を行うことも重要です．

❷ 論文と明細書では書く目的が違う

さて，学術論文（以下，「論文」と呼びます）と明細書の違いは何なのでしょうか．論文と同じ要領で，明細書も書けばいいのでしょうか．

特許の明細書の執筆においては，論文執筆と少し違った角度から発明をみるということも重要です．すなわち，実務上，論文執筆に慣れていると，どうしても論文において重要となる技術の細かい部分，高度な部分のみを詳細に書いてしまいがちです．

論文と明細書の最も大きな違いは，その目的が異なるという点です．論文は，その内容を公開し，新たに得られた知見を世に知らしめること自体が目的です．

いいかえれば，新たな知見による社会貢献が論文執筆の目的であり，その結果として執筆者の社会的評価や名誉が高まることもあるでしょう．したがって，端的にいってしまえば，再現が容易なほど技術の細かい部分まで記載されていて，かつその内容が高度であればあるほど論文の引用は増えるかもしれません．

これに対して，**明細書**は，あくまでも対象となる発明（技術）に関する特許を取得するために必要とされる書類です．したがって，その目的は特許を取得することです．どこまで公開するかは，「特許を取得するために必要な内容」となります．一方，明細書に詳しく記載すればするほど，競合他者に自らの手のうちをさらすことになるのですから，記載しないで済むことは，なるべく記載しないのが当然の戦略です．

また，特許を取得する主たる目的の１つに，特許によって他者へのビジネス上の参入障壁を形成することがありますから，**明細書には，発明の技術面だけではなく，ビジネス的な観点をも考慮した内容を記載することが必要**です．

発明が技術的に非常に高度な技術（たとえば，高性能なスーパーコンピューターなど）を要する内容のみから構成されている場合を考えてみるとどうでしょうか．これが論文であれば，その高い技術が評価されて，素晴らしい結果を生むかもしれません．しかし，発明としてとらえるならば，そうはならないかもしれません．具体的には，次のような例がわかりやすいかもしれません．

❸ 技術レベルの高くない発明

上記のとおり，**論文は新しい知見を世に知らしめることが目的**です．したがって，ちょっとした技術改良をビジネスに応用したからといって，あまり注目されません．対して，明細書は特許出願に必要な書類です．そもそも特許を出願しないのであれば，執筆する必要はありません．

たとえば，世界に数台しかないようなハイスペックなコンピュータを使う際に限って非常に有用となる，複雑な演算を見つけたとしましょう．論文としては，ハイスペックなコンピュータを使いこなして，これまで未解決であった問題を解く可能性を見つけたということで，高い評価を得ることができるかもしれません．

一方，そのようなハイスペックなコンピュータを保有していない企業や機関はまねできませんから，特許をとる必要はないかもしれません．

では，一見すると従来の技術とそれほど差異がないような「技術レベルの高くない発明」はどうでしょうか.

たとえば，一般的なスペックのPCに，画像処理に関する基本的な演算の方法や順番に工夫を加えるだけで，飛躍的にそのスピードを向上させることができる方法を見つけたとしましょう．学術的な視点でみると，基本的な演算の方法や順番に工夫を加えただけなので，それほど大きなインパクトはないかもしれません.

しかし，特許的な視点からみると，話は異なります．どこにでもある一般的なPCで，画像処理における各段のスピードアップが実現できるとなれば，多くのユーザにとって見逃しがたいメリットがありますから，ビジネス上の大きな差別化要因になるはずです.

誤解をおそれずにいえば，技術的に必ずしも最先端の内容や高度な内容でないような「ちょっとした工夫」であれば，むしろなおさら，逆にビジネス上の参入障壁として機能することがあります.

もちろん明細書であっても，従来の技術との差異を明確にするためには，ある程度の詳細な記載も必要はあります．しかし，極端に革新的な技術であることをことさら強調する必要はなく，むしろ**一般的かつ汎用的な技術の応用のような記載にするほうがよい場合もあります**.

このような記載が明細書では好まれることを知っていれば，知財担当者等とのやり取りがよりスムーズになるかもしれません.

COLUMN

明細書に記載する根拠や効果は，論文と比較するとそれほど厳密に検証を行った内容でなくとも認められる傾向にあります．このような傾向は，技術分野にもよるのですが，AI分野を含むICT分野は特に強いと考えられます.

なぜならICT分野はロジックの説明を行うだけで結果の予測が付きやすいため，当業者や審査官がある程度，納得できる内容であれば，それだけで十分に主張が認められる傾向があるからです.

実際，論文と明細書の違いを説明するときに，明細書はご都合主義だという表現をする人もいます．確かに，明細書は，あくまでも出願人の「主張」する内容を記載するものであり，「ジャッジは審査官」が行います．その意味では，「明細書はご都合主義」というのも決してまちがいではありません.

MEMO

SECTION 4.3 特許権侵害に対する基本的な考え方

先輩，田野丸くんにいわせると，A社の製品はうちの製品に関する特許権を侵害しているそうなんですが，田野丸くんの説明を聞いても，いまいちピンとこないんですよね．どこが似てるのかも，正直わかりません．

田野丸くんにスイッチが入ったら，白桃も仕事が増えてきたね～．
それじゃあ，基本的な考え方を整理してみようか．

1 特許法における特許権侵害

技術的な類似性は，エンジニアであれば，比較的容易に見つけられると思いますが，実際に特許権の侵害行為を特定し，それを立証するとなると難しくなります．発明自体が目に見えない技術的思想なのですから，そう簡単であるはずがありません．

そのため，実際の訴訟（審査においても同様）においては，ある種の決まった手法に則って，特許権侵害が認められるのか，認められないのかということを判断しています．

まずは**差止請求権**についてあらためて規定を見てみましょう．SECTION 1.4（10ページ）で解説したとおり，特許法第100条1項には，以下のように明記されています．

特許法100条1項　**特許権者又は専用実施権者は，自己の特許権又は専用実施権を侵害する者又は侵害するおそれがある者に対し，その侵害の停止又は予防を請求することができる．**

これをみると，特許権の侵害の要件は，

⑴ 正当な権限又は理由なき第三者が
⑵ 業として
⑶ 特許発明を実施すること等

と考えることができます．

このうち，最も よく問題となるのは，当然ながら⑶の要件です．通常，特許権の侵害が疑われる者であっても，特許権者とまったく同一の製品やサービス（以下，「製品等」と呼びます）を提供しているということはきわめてまれです．

多くの場合に競合他社は，完全に同一ではないが，似ているような製品等を提供しているのが一般的です．このような場合，一見すると類似している製品等を提供しているようにみえるものの，特許権の侵害に該当するのかといえば，単純明快に答えが出ないのはいうまでもありません．

❷ 構成要件

以上を踏まえて，特許権の侵害訴訟などにおいて，一見すると自社の製品等と類似する競合他社の製品等（正確には実施行為）について，自社の特許権の権利範囲に含まれる点を明確に示さなければいけません．これは，明細書の扱いに慣れた弁理士や弁護士，そして裁判官にとっても決して簡単なことではありません．

そこで，（競合他社の）対象となる製品等が，特許権の権利範囲に含まれているかの検討を容易にするための方法論について，説明します．

まず，例えば，以下のような請求項１の記載があったとします．

<請求項１> ○○機能と，△△機能と，□□機能を有する情報処理装置．

特許請求の範囲の記載は，１文できわめて長く記載されるのが一般的です．

そこで，読みやすくするために次のような形で**分節**して理解することで，記載内容を明確に整理することができます．例えば，次のような形で分節するのがよいでしょう．

<請求項1>

(A) ○○機能と,

(B) △△機能と,

(C) □□機能と,

を備える情報処理装置.

このくらい単純な内容だとそれほど分節にする効果を感じられないかもしれませんが，実際には○○機能というのがそれぞれ100字を超えるような長文であることも少なくありません.

このような手法は，実際の裁判ではもちろん，審査等でもよく使われていますので，ぜひ覚えておいてください．なお，(A)～(C)のように分節された各構成をよく**構成要件**と呼びます.

❸ 対象製品等（イ号）の特定

次に，(競合他社の) 対象となる製品等を具体的な文言として特定します．ここで，重要なことは，自社の特許権の権利範囲は自社の製品により定められるわけではなく，自社の特許権における特許請求の範囲の記載によって定められるという点です．いいかえれば，**特許権の権利範囲に含まれるか否かの判断は，原則として，日本語の「文言」により行われます**.

ここで，上述のように特許権については特許請求の範囲という形で，すでに日本語による特定が済んでいます．一方で，(競合他社の) 対象となる製品については，このような日本語の「文言」による特定は行われていませんから，これを行わなければなりません．なお，裁判などにおいては，このようにして特定された被告側の製品等を**イ号**といいます.

そして，図4.2のように，特許発明の各構成要件と「イ号」の各構成要件のそれぞれを比較することによって，対象の製品等が特許発明の技術的な範囲に含まれるか否かということを判断することになります.

図4.2の例の場合であれば，○○機能と●●機能，△△機能と▲▲機能，□□機能と■■機能のそれぞれを比較して，そのすべてが特許発明の文言の範囲に含まれると判断されれば，被告製品は特許発明の技術的範囲に含まれると判断され

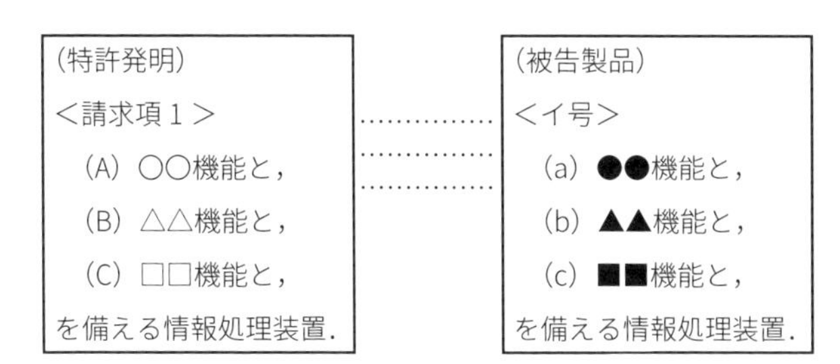

図4.2 特許発明の各構成要件とイ号の各構成要件

て，特許権侵害が認められるということになります．

COLUMN

特許発明の各構成要件と「イ号」の各構成要件を比較する方法は，競合の特許出願を調査するときや，競合の特許権と自社の製品とを比較するようなときにも応用できます．

ぜひ覚えておいてください．

SECTION 4.4 特許出願を行うことのメリット

そもそも特許出願を行う利点って何だろう．
自分が特許をとれば，競合相手もとるし，いたちごっこだよね……．

また，そもそも論か．あんた意外にしつこいね～．

あっ，いやっ．新人エンジニアとしての率直な疑問だよ．白桃にいろいろ教えてもらって，技術バカではいけないというのが，だんだんわかってきたんだ．

なるほどね……．
白桃のていねいなレクチャーのおかげで，田野丸くんもそういう質問をするようになったんだね～．特許出願の目的は，本質的には，自社の製品やビジネスを守ることだよね．
でも最近では，特許出願によるその他の利点にも注目が集まっているんだ．
代表的なところを少し紹介するね．

① 会社や機関にとっての利点

特許出願の利点を考える前に，大前提を述べておきます．それは，あらゆる企業にとって，知的財産活動は必要不可欠だということです．

なぜなら，特許制度を含む知的財産権にかかわる法的な制度が存在する以上，自らはまったく関心がなかったとしても，他者の知的財産権を侵害する可能性があり，その場合には，損害賠償請求（民法709条）や差止請求（特許法100条1項）といった法的な制裁措置を受けるというリスクが存在するからです．

民法709条　故意又は過失によって他人の権利又は法律上保護される利益を侵害した者は，これによって生じた損害を賠償する責任を負う．

特許法 100 条 1 項 **特許権者又は専用実施権者は，自己の特許権又は専用実施権を侵害する者又は侵害するおそれがある者に対し，その侵害の停止又は予防を請求することができる．**

なお，著作権法では依拠性が要求されるため「知らなかった」という反論が認められる余地がありますが，特許法や商標法においてはそのような反論は認められません．つまり，どのような企業であっても，まずは防衛的な意味で，自らの製品やビジネスが他者の特許に抵触していないかの最低限の調査や検討は必ず必要です．

もちろん，「自社では，特許出願，商標登録出願，意匠登録出願といった一切の知的財産権の出願をしない」という選択は理論的には可能です．しかし，たとえば，ある日，競合他者の知的財産権が認められてしまったため，自社の製品やビジネスがそれまでどおり続けられなくなるということもあるかもしれません．

COLUMN

商標権は一般的に，特許出願や意匠登録出願と比較しても，安価で費用対効果が高いと考えられています．事業規模の小さい企業であったとしても，商標登録出願については優先的に検討すべきです．

出願をせずに商標を他者に取得されてしまったら，最悪の場合，自身のブランドを利用できなくなることになります．これは事業戦略上，きわめて大きなリスクになる可能性があります．

では，特許出願のメリットのうち，代表的なものを以下にまとめます．

⑴独占排他権の取得

特許を取得することができれば，**独占排他権**を手にすることができます．これによって，特許を侵害したものに対して，損害賠償請求（民法 709 条）や差止請求（特許法 100 条 1 項）を行うことができます．

⑵競合への牽制

上記の独占排他権の取得による間接的な効果として，競合への牽制，抑止的な効果が期待できます．

具体的にいえば，たとえば，A 社が技術開発の過程で競合である B 社の特許出願を発見した場合，A 社は，当然，当該特許出願に記載された発明の内容を避ける必要があり，時間や費用がかさんでも仕様変更を行う等の措置を講じることになります．

つまり，特許出願自体が競合への牽制，抑止力となって，論争，さらには訴訟につながる前に問題が解決するメリットが期待できます．

⑶宣伝広告

自社の Web ページや営業活動において，特許出願（取得）をアピールすることができます．これは，特許を取得できるだけの高い技術力やアイデアが自社にあることを示すことになります．

また，出願公開公報は非常に多くの人の目に触れるため，出願公開公報に掲載されること自体が営業効果を生じるという見方もあります．

⑷技術範囲の明確化

M&A や共同研究等を行う場合に，対象となる技術の範囲を明確化することが期待できます．逆にいえば，特許出願のような技術文章が存在しない場合，M&A や共同研究において，どの範囲までの技術を対象とするのかの意識を共有し，当事者間で共用することはきわめて困難です．

⑸その他

たとえば，発明者への報奨金等を含め，社員のモチベーションアップにつながる可能性があります．また,発明に関与した社員のキャリアアップにも有効です．

一方，日本国内の特許出願でも，特許出願から特許権を取得するまでにおおむね 100 万円程度の費用がかかることが一般的です．また，当然ながら，お金を支払ったからといっても必ず特許権を取得できるとは限りません．特許取得に係る労力と費用を総合的に検討して，必要があれば，特許出願を行うというスタンスが重要です．

特許出願のメリットには，出願公開によって公知になるため，最終的に特許権を取得できるか否かにかかわらず，競合他社が同じ内容で特許権を取得できなくなる（他社による特許権取得の防止）こともあります．

製品のリリースや論文の発表などでも同様の効果を得ることは可能ですが，特許出願の明細書には膨大な情報が詰め込まれているうえ，特許出願の審査などでも出願公開により発行される公報を利用することが多いので，特許出願を行ったほうがより効果的といえるでしょう．

むしろ，他社に自社のビジネスに関する特許権を取得されることが致命的ともなりうるビジネスの現場では，このようなメリットこそ重要といえるかもしれません．

❷ エンジニア個人にとっての利点

次に，発明者であるエンジニア個人への利点について考えてみます．

⑴所属企業・機関へのアピール

特許の取得は，会社の発展に貢献しているという，直接的にエンジニア自身の成果をアピールするための武器になります．論文を書けば十分という考えもあるかと思いますが，やはりビジネスに直結するのは特許出願です．

⑵キャリアアップ

発明者であればその特許出願に名前が載るのですから，エンジニア個人のキャリアアップにつながります．

いい論文は書けても，「ビジネスセンスがない」と評価されるエンジニアは山ほどいますから，少なくともその点で大きな差別化要因になるはずです．

⑶宣伝広告

特許出願の内容は，出願公開がなされた後であればインターネット等で検索可能です．発明者の氏名も合わせて公開されますから，**興味深い発明に関する特許出願にかかわっていたり，その分野で数多くの特許出願にかかわっていたりすると共同研究の誘いなどが舞い込む場合があります**．このようなことは，AI 分野においては，そこまで一般的な動きではありませんが，たとえば，食品業界など比較的特許が数多く出されている分野であれば割とある話です．

一方，「他社に転職した際に，自身が発明者である特許権が障害になって研究開発が行えないのは嫌だ」という趣旨の意見を耳にしたことがあり，驚いたことを覚えています．AI 分野は，他の分野と比較しても非常に転職の多い業界ですから，このような発想も自然に起こりうることなのかもしれません．

基本的には特許出願は企業（出願人）の利益を守るものですから難しいところですが，やはりエンジニアにとっても特許出願のメリットは決して少なくはないと思いますので，チャンスがあればぜひトライしてみることをおすすめします．

③ 自由利用に対する考え方

「広く普及させることが大事だから，無償で提供する」ということは，ソフトウェアの分野では，非常によくある話かと思います．現在の ICT 技術は，そのような非常に有用なアイデアや技術の成果でありながら，無償で提供されている数多くのソフトウェアの上に成り立っているといってもよいくらいです．

しかしながら，このように無償で提供されているアイデアや技術についても，多くの場合は特許権を取得したうえで，その特許を無償で開放するという手法がとられています．

この理由はいくつもありますが，まず１つは，類似する技術や改良した技術について，他者が特許権を取得してしまう場合があるからです．もし他者の特許出願に特許権が認められてしまえば，（先使用権等の抗弁が認められるとしても）特許権侵害として訴訟を提起されてしまうかもしれません．もちろん，自分が特許を取得している場合であっても類似の特許に関連してこのようなリスクはあるのですが，自分が特許を取得していれば，少なくとも交渉のカードをもつことができるので，後願の権利者等をコントロールできる可能性があります．

もう１つは，自分の意図しない利用や，社会のルールから逸脱した利用を制限することができます．

自分が特許を一切取得していない場合には，その技術は完全に自由な技術ですので，どのような利用をされようと制限することができません．たとえば，その技術を少しだけアレンジしただけのソフトウェアを非常に高い金額で販売するというようなことを行う人がいても止める権利はありません．

対して，特許権を取得していれば，無償で提供しているポリシーに違反している利用者には利用を認めないというようなこともできます．

仮に無償で提供して，広く利用してもらいたいような場合であっても，特許を取得するメリットは数多く存在します．むしろ，その際のほうが，特許を取得する必要性が高いかもしれません．
もちろん，特許を取得するには多額の費用はかかります．しかし，少なくとも「無償で利用させるから特許出願をしなくてもよい」ということにはならないということだけは，ぜひ覚えておいてください．

第5章

OSS と知的財産権

本章では，ソフトウェアライセンスのうちでも，特に OSS に適用されるライセンス，すなわち，オープンソースライセンス（OSS ライセンス）について解説していきます．

SECTION
5.1

ソフトウェアの使用と利用

先輩，OSSって知ってますか？

OSSと著作権法の関係が知りたいのかな？

さすが先輩．そのとおりです．お昼おごりますから，教えてください！

OSSとは，**オープンソースソフトウェア**の略です．OSSの使用は年々拡大し，いまやOSSなくしてICTどころか社会そのものが成り立たないほど，さまざまな場面において欠かせないものとなっています．

それでは,OSSの著作権法上の位置づけはどのようになっているのでしょうか．また，そもそもソフトウェアライセンスはどのように定義されているのでしょうか．

著作権法では，著作物（ここではソフトウェア）の，「使用」と「利用」とを区別しています．どういうことかというと,ソフトウェアを**使用**するというのは，たとえば文書作成用ソフトウェアを文書作成に用いたり，表計算用ソフトウェアを表計算に用いたりするといった，ソフトウェアが開発された目的に沿ってその機能を用いる行為を指します．そして，こういったソフトウェアを使用すること自体については，著作権上，自由であるとされています．

ソフトウェアは，著作権法上は，プログラムの著作物ととらえることができます．

一方，ソフトウェアを**利用**するとは，ソフトウェアの著作権を利用することをいい，ソフトウェアを複製（コピー）したり，翻案（カスタマイズ）したり，公衆送信（サーバへのアップロードなど）したりするような行為を指します．これらは著作権法21条から28条に列挙された行為にあたります．

したがって，ソフトウェアの利用は，あるソフトウェアが誰かの著作物である限り，原則として著作権者の許諾がなければ行うことはできません（ただし，著作権法で規定された例外にあたるような場合はこの限りでありません）.

そして，この「利用」の許諾については，著作権法 63 条で次のように規定されています.

著作権法 63 条

著作権者は，他人に対し，その著作物の利用を許諾することができる.

2　前項の許諾を得た者は，その許諾に係る利用方法及び条件の範囲内において，その許諾に係る著作物を利用することができる.

（以下略）

上記のとおり，著作権が発生しているソフトウェアに関しては，利用するユーザは，著作権者であるソフトウェアの提供元（ここでは便宜上，「ベンダ」と呼びます）からソフトウェアの利用の許諾を受ける必要があります．そして，ベンダは，許諾に係る利用方法および条件を定めて許諾することになります（著作権法 63 条 2 項参照）．この場合の具体的な利用方法および条件については，ライセンス文書や契約書といった文書で定めることとなります.

また，ソフトウェア（著作物）の使用についてもベンダとしては，使用範囲や使用の方法・内容などを決めてユーザに使用をさせたいということが往々にしてあります．その場合も，契約でソフトウェアを使用できる範囲・内容を定めることとなります.

すなわち，**ソフトウェアライセンス**とは，これらの著作権法上の扱いが異なる 2 つの許諾である利用許諾および使用許諾のことを総称した言葉なのです．また，ソフトウェアライセンスに関する契約をまとめて**ソフトウェアライセンス契約**と呼ぶことがあります．まずこの点を押さえておいてください.

SECTION
5.2 OSSのライセンスとは

なるほど．日ごろまったく意識していませんが，ソフトウェアの使用と利用は著作権法上，取り扱いが異なる行為なのですね～．

そうなのです．念のため，確認しておくけど，使用と仕様をごっちゃにしていないよね？

いえむしろ，私用と使用を混同しているところです．

何をいっているんだか……．本題に入るよ～．

❶ OSSとは？

OSS（オープンソースソフトウェア） とは，ひと口にいってしまえば，ソースコードがオープン，すなわち誰もがソースコードへのアクセスが可能なソフトウェアです．Linux（正確にはLinuxカーネル）やApache HTTP Serverをはじめ，OSSの使用は年々拡大しており，いまやさまざまな場面において欠かせないものとなっています．実行ファイルだけでなく，OSSのソフトウェアライブラリも多数存在します．TensorFlowやPyTorchといった機械学習ライブラリも，OSSの一種です．

この背景には，「機能が優れたOSSが世に多数出ているので，これを使わない手はない」，ということがあります．ソフトウェア開発において，すべてを自社開発するとなるとコストも時間もかかりますが，必要な機能の一部について，ソースコードが開示されているOSSを利用すればコストと時間が省略できるメリットがあります．また，もともと機能が優れているうえ，オープンであるがゆえに，広く利用されているOSSは自社で独自に開発したソフトウェアより，安定しているかもしれません．さらにソースコードが公開されているため，プログラミングの学習にも使えます．

このような事情もあって使う側としては，OSS は何の制約もなく，自由に使える便利なものと思いがちですが，**OSS もソフトウェアの一種である以上，プログラムの著作物として著作権によって保護されうる**ことになります．

また，コンピュータソフトウェア関連発明として，特許権により保護される場合も考えられます．

❷ オープンソースの定義

OSS を特徴づけているのは，「オープンソース」であることで，適用されるライセンスが**オープンソースライセンス**（**OSS ライセンス**）であるということです．

では，OSS ライセンスとは，どういったライセンスなのでしょうか．

まず，ソースコードがオープンであれば，すべてが OSS と呼ばれるかというと，一般的には，それだけでは OSS とは呼ばれていません．**Open Source Initiative（OSI）の定義する“The Open Source Definition”（オープンソースの定義）に準拠している必要があり，これに準拠していないライセンスのソフトウェアは，OSS ではない**ということにもなります．OSS ライセンスに共通する特徴を理解するために，定義の中身を知っておくことは有益です．それでは，オープンソースの定義の中身をみてみましょう．

オープンソースの定義の目次　※日本語訳

まえがき

1. 自由な再頒布
2. ソースコード
3. 派生著作物
4. 作者のソースコードの完全性
5. 個人やグループに対する非差別
6. 活用分野に対する非差別
7. ライセンスの流通
8. ライセンスは製品固有であってはならない

9. ライセンスは他のソフトウェアを制限してはならない

10. ライセンスは技術中立的でなければならない

まえがき（Introduction）では，オープンソースとは，ソースコードにアクセスできること「だけ」を意味しないこと，そして，「OSSの頒布条件は以下の基準を満たさなければならない」ということが記載されています．

頒布とは広く分けて配り，行きわたらせることをいいます（岩波 国語辞典 第7版（岩波書店）より引用）．

1．自由な再頒布（Free Redistribution）

オープンソースであるためには，そのソフトウェアのライセンスで，ソフトウェアを販売することも，無償で譲渡することも制限してはならないとしています．また，ライセンス料などを定めてもならないとしています．

つまり，OSSは，無償で譲渡することが自由である一方で，無償で譲渡しなければならない，というのではなく，**有償での販売も自由**であるということです．ただし，勝手にOSSに係るライセンス料を徴収してはいけません．

なお，ざっくりいえば，再頒布とは，入手したOSSを販売・譲渡，アップロードなどして他の人がOSSを入手できるよう流通させることです．

2．ソースコード（Source Code）

オープンソースであるためには，ライセンス対象のプログラムにはソースコードを含んでいなければならず，ソースコード形式でのプログラムの再頒布も許可しなければならないとしています．

そして，もし提供されるプロダクト（製品，あるいはビルド後のファイル）にソースコードが含まれない場合には，そのソースコードを手ごろな複製費用で入手可能な方法（好ましくは無料でのインターネット経由のダウンロード）を用意して，その方法を周知する必要があるとしています．

つまり，**ソースコードを容易に入手できなければ，そもそもオープンソースとは呼べない**，ということです．したがって，OSSである以上は，ソースコードが入手できないことはありえないということになります．

3．派生著作物（Derived Works）

OSSの著作権者は著作物（ソフトウェア）のカスタマイズと派生物の作成，

および，それらをもとの OSS と同条件で頒布することについて，許可しなければならないとしています．

これは，**OSS はカスタマイズすることもカスタマイズしたものを頒布することも自由**，ということを意味しています．

また，ライセンスでの文章にも著作権が発生することが考えられるものの，その点をカスタマイズした OSS を頒布する人は気にしなくてよいようにされています．

4．作者のソースコードの完全性（Integrity of The Author's Source Code）

カスタマイズ前の OSS はどういったコードで書かれていたのか，ということをカスタマイズ前の OSS の著作者は明確にしたい場合があることが想定されます．したがって，プログラムを修正する目的のために，ソースコードと一緒にパッチファイルを頒布することを認める場合に限り，OSS のソースコードを修正した形式で頒布することを制限することができるとされています．

逆にいえば，**上記のような場合以外では，修正後のソースコードを頒布することを制限してはならない**，ということです．

5．個人やグループに対する非差別（No Discrimination Against Persons or Groups）

OSS ライセンスでは，あらゆる個人やグループを差別してはならないものとされています．

つまり，**あらゆる人に対して，オープン**であることを要求するものです．

6．活用分野に対する非差別（No Discrimination Against Fields of Endeavor）

OSS ライセンスでは，誰かが特定の活用分野，たとえばビジネスや遺伝子研究など分野によって，そのプログラムを用いることを制限してはならないとされています．

したがって，**OSS を利用したソフトウェアは問題なく販売できますし，公的な利用も問題ありません**．

7．ライセンスの流通（Distribution of License）

OSS ライセンス自体は上記の 1．～6．を満たしていても，OSS の流通を制限するような条件を，たとえば別のライセンスで同意しなければならないとしたら，OSS の理念に反することになります．

したがって，OSS のプログラムに付属する権利はそれを利用するすべての者に対して平等に適用されなければならず，そのときに**追加のライセンスへの同意**

を要件としてはならないものとされています．

8．ライセンスは製品固有であってはならない
（License Must Not Be Specific to a Product）

これは，7．と同様に囲い込みを防止するためのものです．

OSSのプログラムに付属する権利が特定のソフトウェア頒布物の一部であることに依存してはならず，プログラムをその頒布物から抽出してライセンス条件の範囲内で使用または頒布したとしても，そのプログラムを使うすべての人が，**そもそものソフトウェア頒布物について認められていた権利と同じ権利を有するものでなくてはならない**ものとされています．

COLUMN

過去に，OSSであるとして，自社開発ソフトウェアを自社独自のライセンスのもと，ソースコードを開示したケースがあります．

しかし，その独自ライセンスでは，「○○というプラットフォーム以外において営利目的で使用・複製などする際は，書面による使用許諾が必要になります」といった記載があったため，この内容がオープンソースの定義と矛盾するものとして非難されました．

これを受けて，ライセンスについて自社独自ライセンスからMITライセンスへと変更する，といった事態が発生しました．

9．ライセンスは他のソフトウェアを制限してはならない
（License Must Not Restrict Other Software）

OSSと一緒に頒布する他のソフトウェアの頒布に関するもので，他のソフトウェアの頒布は自由な方法で行え，OSSライセンスでは，他のソフトウェアに制限を加えるようなことはないということです．

すなわち，OSSは**OSSと一緒に頒布される他のソフトウェアについて制限を付してはならない**ものとされています．たとえば，同じメディアで頒布される他のプログラムはすべてOSSであるといったことを強制してはいけないとされています．

ただし，OSSの著作権がおよぶようなソフトウェアについてはOSSライセンスの適用を受ける（ライセンスでの制限を受ける）ことは，ライセンスによってはありえます．この点について，定義において付記されている理由部分では，有名なOSSライセンスである後述するGPLについて触れたうえで，GPLが，この要件を満たしている，との注釈があります．

10．ライセンスは技術中立的でなければならない（License Must Be Technology-Neutral）

OSSライセンスでは，ある個別の技術やインタフェースの方式にもとづくような規定を設けてはならないものとされています．たとえば**Windows PCならできる操作だけれど，Linux PCではできない操作を前提とした定めはおいてはならない**，ということです．

この10．の注釈では，認められない例として，クリックラップもあげられています．**クリックラップ**（**クリックオン**）とは，ソフトウェアをダウンロードする際や，ソフトウェアをインストールする際に，画面にソフトウェアのライセンス条件が表示されてこれに対しての同意を求めるボタンへのクリックをしてから，はじめてソフトウェアをダウンロード・インストールできるとしているような方式をいいます．クリックラップは，ライセンス条件に同意したことを明確にさせようとするもので広く用いられていますが，こうしたクリックラップをOSSのダウンロードやインストールで要求すると，当然そのOSSでは頒布の方法が限定されてしまいます．

さて，オープンソースの定義をひととおりみてきましたが，いかがでしょうか．ひと口にいえば，いずれの定義も，OSSのソースコードをできるだけ入手しやすくし，またOSSのプログラムの再頒布を活発にするとともに，そのカスタマイズとカスタマイズしたプログラムの再頒布も活発に行われるようにしよう，という趣旨にもとづくものです．

表面上はOSSといっていても，ソースコードを開示するための条件が非常に厳しかったり，実は利用の方法が限られていたり，ということがあると，OSSとは一般的には呼ばない，ということです．つまりは，誰もが安心してOSSを使うことができるようにしているということです．

SECTION 5.3

オープンソースライセンスに共通する条項／非共通の条項

田野丸くん．OSSの「オープンソース」が，少しは理解できたかな？

いや～．何となくは…….

いまのところは，何となく，でかまわないよ！
具体的にオープンソースライセンスがどういった内容のライセンスなのか，
もう少し細かくみていこう．しっかりついてきてね！

前のSECTIONでオープンソースの定義についてみてみました．続けて，**OSSライセンス**に共通して盛り込まれている条項をみてみましょう．

❶ 共通の条項

⑴自由な使用

OSSライセンスでは，いずれもソフトウェアの自由な使用を認めています．自由な使用なんてあたりまえじゃないか，と思うかもしれませんが，市販されているクローズドソースソフトウェアの多くでは，使用についてさまざまな条件を定めて使用許諾をしています．これに対して，OSSではソフトウェアの使用に条件が付けられていません．「自由に使っていいから，よいソフトウェアだと思ったら，再頒布してください．また，カスタマイズしたほうがよいところがあったら，カスタマイズして再頒布してください」という考えがあるものといえます．

OSSについては，勝手に自分のPCにインストールしても，ライセンス違反を心配する必要はありません．

⑵自由な利用

さらに，OSSライセンスでは，ソフトウェアのコピーやカスタマイズ，販売・無償譲渡，アップロードなどの「利用」も禁止していません．OSSのソースコードの利用も自由です．

また，OSSライセンスでは，入手したOSSを再頒布する際の再頒布条件を定めてはいますが，その条件にしたがえば再頒布できますし，その他の利用についても，基本的に自由です．**OSSを手に入れた人が，そのOSSを販売するか，無償で譲渡するかの選択もライセンス上，自由**です．

以上は，前のSECTIONで解説した“The Open Source Definition”（オープンソースの定義）の「1．自由な再頒布」「3．派生著作物」などからも理解しやすいものかと思います．商用での利用を禁止していないことも，オープンソースの定義から導かれる当然の帰結です．

⑶再頒布条件が定められている

上述のとおり，**OSSライセンスではソフトウェアを再頒布する場合の条件が定められています．**

もっとも，再頒布条件が定められているのは共通しているものの，その再頒布条件はOSSライセンスごとにさまざまです．

また，ソースコードの再頒布の方法も定められています．

⑷無保証条項・免責条項

ソフトウェアの使用や利用について何らの保証もしない，といった無保証の条項が定められています．

OSSの著作者からすれば，使用も利用も自由である以上，その使用や利用について保証をするのは実質上，困難です．さらに，**ライセンサ**（ライセンスを与える側）は頒布ごとにリスクを負うことにもなってしまいます．頒布をする際に安心して頒布ができるよう，またOSSを安心してカスタマイズできるよう，無保証なのです．さらに，無保証条項に加えて，ソフトウェアを使用したことで生じた損害については一切責任を負わないといった，免責の条項が設けられているライセンスもよくあります．

なお，オープンソースライセンス以外のライセンスにおいても，無保証条項や，責任を限定する条項は多くみられ，これらはオープンソースライセンス特有の条項ではありません．したがって，「OSSだから保証されない」といった理解は，誤解を含むものといえます．

⑸著作権表示

どのライセンスにおいても，そのソフトウェアの著作権者が誰か，ということについての著作権表示を行う必要があります．ここで，**著作権表示**とは，「Copyright© 2020 Kentaro Ohori」といった表示をいいます．

なお，日本の著作権法では，こうした著作権表示がなくても著作権は認められますが，**表示をしないと，それぞれのライセンスへの違反になります**．

(6)ライセンスのコピーの提供義務

「本ライセンスのコピーを渡すこと」や「本許諾表示を記載すること」など，ライセンスによって表現はさまざまですが，再頒布の際には，ソフトウェアと併せてライセンスのコピーを提供することが定められています．

❷ OSSライセンスごとに異なる条項

対して，オープンソースライセンスでも，ライセンスごとに共通しない内容の条項が無数に存在します．以下では，そのうちいくつかを紹介します．

(1)いわゆるコピーレフト条項

オープンソースライセンスに共通ではない有名な条項として，コピーレフトにかかわる条項があります．

コピーレフト（Copyleft）については，フリーソフトウェア財団（FSF）のWebページでは，「プログラム（もしくはその他の著作物）を自由とし，加えてそのプログラムの改変ないし拡張されたバージョンもすべて自由であることを要求するための，一般的な手法の1つです．」といった解説がされています．

こうしたコピーレフトを条項として実装したものを，いわゆるコピーレフト条項と呼びます，すなわち，**コピーレフト条項**とは，ざっくりといえば，あるOSSをカスタマイズしたり，あるOSSと他のソフトウェアを組み合わせたりしてつくり上げたソフトウェアについて，再頒布しようとするときには，カスタマイズしたソフトウェアや，組み合わせたソフトウェアのソースコードを，もととなったOSSと同様のライセンスで開示しなければならないとする条項のことをいいます．

どういった場合にソースコードを開示しなければいけないかは個々のOSSライセンスにより異なります．

なお，コピーレフト条項の有無とコピーレフトの強さ（どういった場合にソースコードを開示するかの場面の多少）により，OSSライセンスを**コピーレフト型ライセンス**（たとえば**GPL**），**準コピーレフト型ライセンス**（たとえば

LGPL），**非コピーレフト型ライセンス**（たとえば**MIT**）と分類することもあります．

⑵特許条項

GPLv3 や，Apache-2.0，MPL 2.0 などはいずれも OSS ライセンスですが，これらのライセンスでは，特許に関する条項が定められています．

これらのライセンスでは，それぞれ表現は異なりますが，おおむね OSS を使用・利用するにあたってのライセンサ（ライセンスを与える側）の有する特許権について，特許ライセンスを付与していることと，**ライセンシ**（ライセンスを受ける側）から OSS に関して特許訴訟が起こされた場合に，ライセンス付与を終了するなどの取り扱いをするといったことが定められています．

ソフトウェアを利用・使用するときに，特許を気にせず安心して使えるようにするための条項であるといえます．

⑶準拠法・管轄についての条項

ライセンスが適用されるソフトウェアに関して生じた紛争について，どこの国や地域（たとえば米国の州など）の法律を適用して考えるべきか，また，たとえばソフトウェアライセンスの内容について，どこの国や地域の法律にしたがって解釈するかというときの，この適用される法律のことを**準拠法**といいます．国際的なライセンスや契約書ではよく準拠法が定められていますが，OSS ライセンスでは準拠法を定めていないものも多いです．また，準拠法の条項がある OSS ライセンスでも，準拠法として定める国や地域はそれぞれ異なります．

たとえば，EPL 1.0 では，準拠法をニューヨーク州法と，米国の知的財産権法と定めています．

また，ライセンサとライセンシとの間で紛争が生じた場合にその紛争を解決する機関（裁判所や仲裁機関）をどこにするか，という管轄を定めているライセンスもよく見かけます．たとえば，MPL 2.0 では，紛争の解決について，訴えられる側の所在地を管轄する裁判所を**専属的合意管轄裁判所**（その裁判所以外に訴訟を提起しない）と定めています．

SECTION 5.4 さまざまなオープンソースライセンス

OSSはオープンであるから，使用も利用も制限をかけていない.
ただ，OSSライセンスとひとくちにいっても，それぞれのライセンスは異なる．ということは，結局個々のOSSライセンスを確認しろ，ということですか？

まぁ～，そういうことだね.
それと，説明したとおり，それぞれのライセンスができた背景にはそれぞれのOSSについての文化や慣習があるということだね.

先輩，申し訳ありませんが，いくつか有名なライセンスについて，ざっくりとご指導いただけませんか.

うん．わかったよ.

❶ 有名なライセンス

以下で，いくつかの有名なオープンソースライセンスについて，その概要をかいつまんで説明します.日本語訳のライセンス文書が存在するものも多いですが,日本語で読んだとしてもよく内容がわからない,ということもあるかと思います.

オープンソースライセンスのうち，有名で広く使われていたり，強力なコミュニティを有するものとして，Open Source Initiative（OSI）でPopular Licenseとされているものは，表5.1のとおりです.

このうち，特に使用頻度が高いものとしては，MIT，GPL，Apache-2.0，BSDなどがあげられます．これらのライセンスについて，まずみていきましょう.

なお，前述のオープンソースライセンスに共通する条項については，これらのライセンスのいずれにも含まれています.

表5.1 OSIでPopular Licenseとされているオープンソースライセンス

ライセンス名（カッコ内は略称）	バージョン・種類など
Apache License (Apache)	2.0
BSD License (BSD)	3-Clause "New" or "Revised" 2-Clause "Simplified" or "FreeBSD"
GNU General Public License（GPL）	2.0 3.0
GNU Lesser General Public License (LGPL)	2.1 3.0
MIT license (MIT)	
Mozilla Public License (MPL)	2.0
Common Development and Distribution License (CDDL)	1.0
Eclipse Public License (EPL)	1.0

❷ GPL

(1)ライセンスの特徴

GNU General Public License（**GPL**）は，1989年にバージョン1，1991年にバージョン2，2007年にバージョン3がリリースされている，フリーソフトウェア財団（FSF）により公開されているライセンスです．

現在たくさんのプロジェクトでGPLのバージョン2（**GPLv2**）やバージョン3（**GPLv3**）が使われています．

GPLv2が適用されているものとしてはLinux Kernelのほか R言語の開発・実行環境，WordPressなどがあります．

GPLは，プログラムを自由ソフトウェアとしてリリースするためのライセンスです．ここでいう**自由ソフトウェア**とは，FSFによれば，ユーザに以下の4つの自由を提供するソフトウェアであるものとされています．

i） 目的を問わずプログラムを実行する自由
ii） プログラムの動作を学習し，必要に応じ改変する自由
iii） 他者を助けられるよう，コピーを再配布する自由
iv） 自らが改変したバージョンのコピーを配布する自由

i)〜iv)は,「自由な使用」と「自由な利用」(カスタマイズの自由,再頒布の自由)

に関するもので，前述のOSSライセンスに共通する条項です．

i）からiv）の自由を法的に保護するため，GPLでは，プログラムにコピーレフトを適用するための特定の配布条項（いわゆるコピーレフト条項）が設けられている点が特徴としてあげられます．

コピーレフト条項により，GPLv2やGPLv3では，ソフトウェアの利用者が，GPLの適用されるソフトウェアをカスタマイズした場合に，カスタマイズした部分のソースコードの開示を義務付けるとともに，GPLが適用されるソフトウェアのソースコードを，他のソフトウェアのソースコードと組み合わせた場合，組み合わせたソースコードの開示も義務づけています．

また，GPLが適用されるソフトウェアを他の人に再頒布する場合には，再頒布の際のライセンスも，GPLにしなければならないとしています．

なお，カスタマイズせずにもとのソフトウェアをそのまま再頒布する場合においても，もちろんもとのソフトウェアのソースコードも入手できるようにしなくてはなりません．

GPLv2とGPLv3，いずれもライセンス文書が他のオープンソースライセンスと比べると長いです

確かにGPLv2，GPLv3のライセンス文書は他のオープンソースライセンスのものと比べれば長いですが，ソフトウェアライセンス文書一般の中では，必ずしも長くはありません．

なかなか頭に入らない場合，たとえばフリーソフトウェア財団の「GNUライセンスに関してよく聞かれる質問」のWebページを参照してみることをおすすめします．また，GPLv3については，IPA（独立行政法人 情報処理推進機構）の逐条解説なども参考となります．

(2) GPLv3について

GPLv3も，SambaやAnsibleをはじめ，さまざまなソフトウェアで採用されています．

GPLv3では，GPLv2からの変更点はいくつかあり，たとえば特許対応の点があげられます．すなわち，GPLv3を含むソフトウェアを提供するベンダ側は，ユーザ側がGPLv3適用のソフトウェアを使用・利用するにあたり，ベンダが自らもつ「特許」について，無償でライセンスを付与しなければならないとされています．

また，ベンダ側がユーザ側を相手どってそのソフトウェアの特許に関連して特許侵害訴訟を起こすことを禁止しています．

そのほか，デジタル著作権管理（DRM）といった技術的保護手段とその回避との関係や，組込みソフトウェアの場合のインストール用情報の開示についてなど，さまざまな内容が追加で盛り込まれています．

デジタル著作権管理（Digital Rights Management：**DRM**）とは，「音楽や映像，文書などのデジタルコンテンツを暗号化し，対価を支払った人や特定の機器しか再生できないようにする著作権保護機能のこと」です（日経情報ストラテジー（2008年7月号）p.29より引用）．

(3)互換性の問題

あるライセンスが適用されるソフトウェアと，他のライセンスが適用されるソフトウェアを組み合わせたソフトウェアを利用しようとした場合，それぞれのソフトウェアの利用条件どうしが矛盾することにより，ライセンスが両立せず，そのソフトウェアどうしを組み合わせられないことがあります．

これを，**ライセンスの互換性の問題**といいます．

OSSの場合にも，ライセンスの互換性の問題が生じます．このうち，特に話題となるのはGPLv2やGPLv3と，他のライセンスとの間の互換性です．ここでいう**互換性**とは，いくつかのソフトウェアを組み合わせて利用するような場合に，それぞれのソフトウェアや組み合わせ後のプロジェクトに適用される複数のライセンスそれぞれを守ろうとした場合に，どちらも守ることができないといった矛盾が生じてしまう状況におちいっていないかどうか，ということを意味しています．ライセンス間の互換性について，フリーソフトウェア財団では，GPLと両立するライセンス，両立しないライセンスのページを用意していますので，こちらを参照してみるとよいでしょう．

ただし，GPLv2とGPLv3とでは，両立するライセンスが異なるので注意しましょう．そもそも，GPLv2とGPLv3との間からして，互換性がありません．

これら以外でも，OSSどうしを組み合わせたソフトウェアや，OSSとOSSでないソフトウェアとを組み合わせたソフトウェアを頒布しようとする場合には，互換性については常に注意しましょう．

❸ MIT ライセンス（MIT）

MIT は，シンプルで短いライセンスで，もともとマサチューセッツ工科大学（MIT）で作成されたためにこのライセンス名になっています．このMITは，コピーレフトではないライセンスであり，オープンソースライセンスに共通して存在する条項である自由な使用・利用についての条項，著作権表示とライセンスの内容の表示についての条項，無保証条項・免責条項から構成されています．

MITが適用されているソフトウェアは多く，たとえばRuby on RailsやMicrosoft Cognitive Toolkitなどがあります．

❹ Apache–2.0

Apache Licence, Version 2.0（**Apache–2.0**）は，Apache Software Foundationによるライセンスで，もともとは⑤のBSDライセンスの不足部分を補う形で作成されたものです．**Apache–2.0** も，MITと同様，コピーレフトではないライセンスですが，Apache–2.0では，オープンソースライセンスに共通して存在する条項のほか，特許条項や商標についての条項などが含まれています．

このうち特許条項としては，対象のOSSを使用・利用することについての，特許ライセンスが実施権者であるライセンシに付与されることと，もしライセンシがApache–2.0に関連して特許訴訟を起こした場合には，付与された特許ライセンスが終了することが定められています．

Apache–2.0では，ライセンサの商号，商標，サービスマークや製品名については，ソフトウェアの出所を記載したりするなどの場合はともかくとして，使用権を付与しないことがライセンスに記載されています．こうした条項がなくても，もちろん商標登録がされている商標については許諾がなければ勝手に使用をしてはなりませんが，Apache–2.0ではそのことが確認的に記載されています．そのほか，無保証条項と免責条項に加えて，再頒布の際に自分で何かしらのサポートや保証などをすることを約束してもよく，またこれらを有償で提供してもよいことが定められています．ただし，これらはあくまで自己責任で，とされています．

Apache–2.0はGPLv3と互換性があるものとされています．Apache–2.0が適用されるものとしては，Apache HTTP Serverの最近のバージョンやOpenStack，TensorFlowなどがあります．

❺ BSD ライセンス

BSD ライセンスは，もともとカリフォルニア大学バークレー校で作成されたライセンスで，MIT と同様にシンプルで短いライセンスです．

なお，BSD ライセンスという同じ名称ではあるものの，さまざまなバリエーションが存在し，現在流通しているメジャーなものだけでも，条項（Clause）の数が 4 条項，3 条項，2 条項のものがあります．

広く普及している Web ブラウザである Google Chrome のうち，Google が開発したソースコードについては，3 条項の BSD ライセンスが適用されています．その他，PyTorch などは，BSD ライセンスが適用されています．

いずれも自由な使用・利用についての条項，著作権表示とライセンスの内容の表示についての条項，無保証条項・免責条項がある点は共通していますが，4 条項および 3 条項のものでは，ライセンシが OSS の宣伝目的で開発者や他の利用者の名前を勝手に使用してはならないことが定められています．さらに 4 条項のものでは，これに加えて，OSS を宣伝する場合にその広告には開発者の名前を明記しなければならないことが定められています．

❻ LGPL

GNU Lesser General Public License（**LGPL**）は，ライブラリに適用されることを前提として作成された，コピーレフトが GPL ほど「強力ではない」ライセンスです．最新バージョンは 3 です．GPL で定められた条件を取り込んだうえで，その例外を定める立て付けになっています，

LGPLv3 はさまざまなライブラリで用いられています．

この LGPL は，GPL をライブラリに適用する際のコピーレフトに関連した例外的な許可を追加したもので，コピーレフトが GPL ほどには「強力ではない」というのは，LGPL が適用されるライブラリを，他のソフトウェアとリンクした場合には，リンクしたソフトウェアには LGPL を適用する必要がないことを意味しています．LGPL は**準コピーレフト型ライセンス**と呼ばれることもあります．

なお，リンクしたソフトウェアに LGPL を適用する必要はありませんが，LGPL が適用されるライブラリとリンクしたソフトウェアとが組み合わされたソフトウェアを再頒布する場合に行う必要のあるさまざまなルールが，LGPLv3 では定

められています．たとえば，LGPLが適用されるライブラリとリンクしたソフトウェアのライセンスではリバースエンジニアリングを禁止してはいけません．

また，LGPLが適用されるライブラリをカスタマイズして頒布する場合には，カスタマイズしたライブラリにもLGPLが適用されます．

❼ AGPL

GNU Affero General Public License（**AGPL**）のバージョン3は，ほとんどの条項はGPLv3と同様の内容ですが，第13条に内容が追加され，AGPLv3の適用されるソフトウェアをカスタマイズして，ネットワーク上，たとえばASP上でユーザにサービス提供する場合には，そのユーザに対しては無償でソースコードにアクセスできるようにしなければならないものとされています．

以前のGPLでは，同様の場合にはソースコードを開示する義務がなかったため，GPLと比べてAGPLはより強力なコピーレフトのライセンスであるものといえます．AGPLv3は，SugerCRMなどで用いられています．

❽ MPL

Mozilla Public License（**MPL**）は，Mozilla Foundationにより作成されたライセンスです．最新バージョンは2.0です．コピーレフトのライセンスですが，コピーレフトがGPLほど強力ではないという特徴があります．

MPL 2.0は，Mozilla FoundationのMozilla Firefox，Mozilla Thunderbirdなどのほか，最近のLibreOfficeでも用いられています．

このMPLでは，OSSをカスタマイズした場合，再頒布時には，そのソースコードを開示するとともに，カスタマイズをしたこと，その日付，もとの開発者の名前を記載したファイルを含める必要があるとされています．

なお，MPLが適用されるOSSと組み合わせたソフトウェアについては，MPLを適用する必要はないものとされており，この点でコピーレフトがGPLほど強力ではなく，**準コピーレフト型ライセンス**と呼ばれることもあります．

なお，MPL 2.0には，特許条項，商標についての条項のほか，準拠法についての条項が存在します．

MEMO

SECTION 5.5 オープンソースライセンスについてのよくあるQ＆A

ここでは，よくあるOSSのライセンス関連の質問を紹介します．

Q1

突然ですがクイズです．GPLv2やGPLv3の場合，コピーレフトだから，必ずソースコードを広く一般公開する必要がある？

そうじゃないのかな？

ぶっ，ぶ〜っ．コピーレフト条項のあるGPLでも，ソースコードを開示しなければいけない対象は，「ソフトウェアの受け取り人」です．だから，たとえばベンダはソフトウェアを納品する依頼元へとソースコードを開示すればいいのです．

　ただ，そもそもソフトウェアをWebで誰にでもダウンロードできるような形で広く公開しているような場合には，ソースコードについても，広く公開しなければいけません．

要は，ソフトウェアを配布する（または入手可能にする）範囲の広い／狭いで，ソースコードを開示する範囲の広い／狭いも決まる，ということですね．

いずれにしても，ソフトウェアの受け取り人が広くソースコードを開示することについては，制限できないからね．

Q2

GPLv2 が適用されるソフトウェアをカスタマイズしたものを再頒布する際に，再頒布先からの再販の禁止ができる？

ぼくがカスタマイズしたコードは再販禁止にしたいから YES で！

またもや，ぶっ，ぶ〜っ．GPLv2 や GPLv3 では，再頒布は自由だし，同じライセンスでの再頒布が義務付けられているから，他社の再販を禁止することはできないよ．

Q3

2 連敗だね〜．続いて，GPL ライセンスが適用されるソフトウェアでは，カスタマイズしたら必ずカスタマイズした内容を開示しないといけない？

次は順番でいって Yes でしょう？

残念，これも No．GPL では，ソフトウェアをカスタマイズしたときではなく，そのカスタマイズしたソフトウェアを再頒布するときに，カスタマイズ後のソースコードを開示する必要があるものとされているよ．

Q4

あれ〜，おかしいな〜当たらないな〜．次にいきましょう！
バージョン違いのソフトウェアでも，同じライセンス？

これは No じゃないかな．

正解！同じソフトウェアでも，バージョンが変わったタイミングで異なるライセンスを採用することはよくあるよ．たとえば，バージョンアップ前は LGPL と MPL のデュアルライセンスだったのが，バージョンアップ後は AGPLv3（と商用ライセンス）を採用したソフトウェアがあるよ．
　また，同じライセンス名であっても，それぞれのバージョンで内容が異なるから，どのライセンスのどのバージョンが適用されるのか，きちんと確認しよう．

Q5

田野丸くんは続けて正解できるかな？
OSSだから他人の登録商標も自由に使用してよい？

これもダメなはずだけど，現実的に問題になりそうだな～.

そのとおり．OSSであっても，その商標権者から登録商標の使用についてのライセンスを受けていなければ，自由に使用してよいわけではないよ.

それぞれの登録商標について，OSSのディストリビュータが使用のためのポリシーを決めている場合が多いので，そのポリシーを参照して，その条件にしたがって使用しよう.

Q6

さぁ～どんどんいこう！
OSSライセンスに違反したら必ず訴えられる？

う～ん，どうなんだろう.
「必ず」ってクイズで入ると，Noと答えるのがセオリーだよね？

そういうことです．ライセンス違反をしても，いきなり訴えられるということはあまりない.
OSSの利用者にライセンス違反があることをライセンサが知った場合，ライセンサはまずは違反の事実を利用者に知らせて，ライセンスを守るよう利用方法の是正（たとえばソースコードを公開するなど）を求めるのが一般的だよ.

でも是正を求めたのに，たかをくくって対応をまったくしないとか，対応が不十分であるような場合には，訴訟となることがあるよ.

Q7

あ〜，クイズに疲れてきたぞ.
今度は逆にぼくから質問させてください．ソフトウェアを自作したんですけど, OSS にしてみようと思います．どのライセンスを選べばいいんでしょう？

たとえば，GitHub を参考にしたらどう？

うん．GitHub には，“Choosing an OSS license doesn’t need to be scary”（OSS ライセンスを選ぶのに恐れることはありません）というページで，いくつかの選択肢が用意されていて，選択肢に応じたライセンスが紹介されているよ.
こうしたページや，他の開発者がどういったライセンスを選択しているかを参考にして，「自分がどういった形でユーザにそのソフトウェアを利用してほしいか」，ということを考えて決めるといいんじゃないかな.

Q8

なるほど！でも，まだまだあります.
ソースコードを開示するつもりはまったくない自作ソフトウェアを自作のライセンスでリリースするときに，「このソフトウェアは OSS です」と宣伝してよい？

ダメに決まってるだろうが！

当然，ダメ．OSS として公開するのであれば，その OSS を入手しようという人たちは，「OSS だからソースコードを入手できる」ものと期待する.
だから，ソースコードを開示しないライセンスで OSS として公開すると，誤解を生むことになるよ.
そうした誤解を生む，ということは，場合によっては，景表法（不当景品類及び不当表示防止法）違反や，不正競争防止法違反となる可能性まであるからね．変な宣伝しちゃだめだよ.

Q9

そうなんだ．まじで気をつけよう…….次，いきます！
□□課長にいわれて，ぼくが勤務中にうちの会社のプロジェクトとして，GPLが適用されるソフトウェアAをカスタマイズしてソフトウェアBを開発したとします．この場合，ソフトウェアBにもGPLが適用されますよね？だから，ぼくはソフトウェアBのソースコードを勝手に公開してもいい，でしょうか？うちの会社では，これに関して特に決まりはなかったと思うけど…….

なんだか．急に身近な仕事の話になったね．しっかし前に職務著作の勉強をしなかったかな？ダメに決まってるでしょう！

田野丸くん．そういうことといってると，まだ学生気分が抜けてないんじゃない？って心配されちゃうよ．まず，キミは，ソフトウェアAをカスタマイズして作成したソフトウェアBの著作者ではないよ．□□課長からいわれて，うちの会社のプロジェクトとしてキミはソフトウェアBを，業務で開発したんだよね？著作権法の，職務著作の決まりで，ソフトウェアBのカスタマイズ部分についてはうちの会社が著作者となるんだよ．
したがって，ソフトウェアBのカスタマイズ部分の著作権は，著作者であるうちの会社が有しているのであって，著作者ではないキミはソフトウェアBを勝手に公開してはいけないよ．就業規則に違反する可能性もあるから気をつけてね…….

わかりました．しょんぼりです．

ま，田野丸がそういう質問をしてくる気持ちはわからなくはないけどね～．ちなみに，ソフトウェアBは特に販売するわけではなく，社内で使うんだったよね？だったら特にソフトウェアAが再頒布されているわけではないから，GPL上のソースコード開示の義務も生じていないことになるね．

白桃，田野丸くんの質問とは別に，業務時間内に会社から許可を受けてOSSのコミュニティ活動に参加して，その成果として何らかのソフトウェアを業務時間中に作成したような場合，職務著作かどうかが微妙な場合もあるね．そうした場合についての取り扱いを，会社としては，ポリシーとして考えておかないとね．

Q10

最後にもう１つだけ.
自分でOSSライセンスを読んでみたんですけど……，そこに書いてある内容は，いろいろな読み方ができるなぁ〜，と思ったんですよね.
それでなんですが，あいまいな質問ですみませんが，OSSライセンスで書いてあることをどんなふうに解釈するのがいいのか教えてください！

あいまいな質問だね！

ソフトウェアライセンスに限らず，ある程度以上の長さの文章については，読む人によって違う意味に解釈されてしまうことは一般によくあることだ，ということがまずポイントだね.
だから，文章の中身からだけでは，そこで使われている言葉の意味がはっきりしない，ということは法律の専門家にとっても実際よくあることなんだ．この点は，OSSのライセンスでも違いはない.
それじゃ，どうするかというと，書かれている内容に疑義が生じたら，「OSSの開発者がどのように考えて，そのライセンスを採用したか」ということが，まずもって大切なんだよ.
つまり，そのOSSの開発コミュニティの見解が非常に重要になる．エンジニアとして，あるOSSを利用する場合に，そのOSSの開発コミュニティ活動に積極的に参加し貢献することは，こういった点でも有益だね.

また，そのライセンスを作成した個人・団体やそれに近しい個人・団体の意見も重要ですよね.
たとえばGPLであれば，フリーソフトウェア財団によるFAQなどをみるのがよいんじゃないかな.

そのうえで，対象となるOSSライセンスの条項が，世間一般でどう解釈されているかということは，その次くらいに参考になるね.
もちろん，そのほか，法律の専門家に意見を求めるのもよいだろうし，OSSにかかわるさまざまな団体がセミナーや勉強会などを行っているから，これに参加するのもよいのではないかな.

MEMO

参考文献

1）小塚荘一郎：AI の時代と法，岩波書店（2019）

2）酒谷誠一：知財実務のツボとコツがゼッタイにわかる本：最初からそう教えてくれればいいのに！，秀和システム（2019）

3）中山信弘：著作権法 第 3 版，有斐閣（2020）

4）中山信弘：特許法 第 4 版，弘文堂（2019）

5）古谷栄男，松下 正，眞島宏明，鶴本祥文：知って得するソフトウェア特許・著作権 改訂 6 版，アスキー・メディアワークス（2012）

6）齊藤友紀，内田 誠，尾城亮輔，松下 外：ガイドブック AI・データビジネスの契約実務，商事法務（2020）

7）髙部眞規子：裁判実務シリーズ 2 特許訴訟の実務 第 2 版，商事法務（2017）

8）H.J. Meeker：Open (Source) for Business: A Practical Guide to Open Source Software Licensing–Third Edition, Independently Published (2020)

（順不同）

MEMO

INDEX

た行

な行

は行

ま行

〈著者略歴〉

渡辺　知晴（わたなべ　ともはる）

渡辺総合知的財産事務所　代表　弁理士
2017年12月から経済産業省「AI・データ契約ガイドライン検討会」作業部会構成員・同改定作業委員．北海道大学大学院，国立精神・神経医療研究センター，正林国際特許商標事務所などを経て現職．スタートアップ企業やＩＴ系企業などを中心に知的財産の側面から幅広い支援を行う．

齊藤　友紀（さいとう　ともかず）

法律事務所LAB-01 兼 株式会社 鹿島アントラーズ・エフ・シー（経営戦略担当，株式会社 メルカリから出向）弁護士
2017年12月から経済産業省「AI・データ契約ガイドライン検討会」委員・同作業部会構成員，2019年5月から同省・IPA「データ利活用検討会」委員．ほかに，東京大学 未来ビジョン研究センター客員研究員，株式会社 博報堂DYホールディングスフェロー，スタートアップ社外役員等．UCバークレー大学院（MPP），パデュー大学大学院（MSc in Economics），株式会社 Preferred Networks 等を経て，現職．

大堀健太郎（おおほり　けんたろう）

法律事務所LAB-01 弁護士・弁理士
「農業分野におけるデータ契約ガイドライン検討会」（2018年12月26日ガイドライン策定）専門委員．ほかに，OSSコンソーシアム監事，上場企業の社外監査役等．弁護士登録前は，大学院において心理学を修め，システムエンジニアとして金融会社の国際系業務システム開発等を担当．

●イラスト：明川 真弓

- 本書の内容に関する質問は，オーム社ホームページの「サポート」から，「お問合せ」の「書籍に関するお問合せ」をご参照いただくか，または書状にてオーム社編集局宛にお願いします．お受けできる質問は本書で紹介した内容に限らせていただきます．なお，電話での質問にはお答えできませんので，あらかじめご了承ください．
- 万一，落丁・乱丁の場合は，送料当社負担でお取替えいたします．当社販売課宛にお送りください．
- 本書の一部の複写複製を希望される場合は，本書扉裏を参照してください．

機械学習エンジニアのための知財＆契約ガイド

2020年7月20日　第1版第1刷発行

著　者　渡辺知晴
　　　　齊藤友紀
　　　　大堀健太郎
発行者　村上和夫
発行所　株式会社 オーム社
　　　　郵便番号　101-8460
　　　　東京都千代田区神田錦町3-1
　　　　電話　03(3233)0641(代表)
　　　　URL　https://www.ohmsha.co.jp/

組版　リブロワークス　　印刷　美研プリンティング　　製本　協栄製本
ISBN978-4-274-22567-3　Printed in Japan